初学者でもわかりやすいスーパー解法シリーズ

豊富な例題で解法を実践学習する

ディジタル回路
ポイントトレーニング

浅川 毅・堀 桂太郎 共著

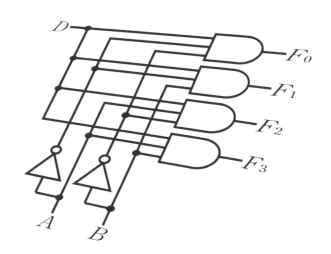

電波新聞社

はじめに

　問題を解く実力を身につけることに関して，関連する多くの基礎知識を着実に身につけ，根気強くこつこつと積み上げるというアプローチが定石であるとするならば，本書は定石から少し脇道にそれたものとなる。本スーパー解法シリーズは，「電気回路ポイントトレーニング」，「アナログ回路ポイントトレーニング」，「ディジタル回路ポイントトレーニング」の 3 冊構成とし，電気回路，アナログ回路，ディジタル回路に関する問題を細分し，必要な項目ごとに実力が身に付くようにした。すなわち，「手っ取り早く」そして「分かりやすく」力を身につけるための本である。

　著者らは約 35 年の間，電気，電子，情報に関する分野で学生たちと共に回路の解法について取り組んできた。教科書に従って基礎知識を養い，その応用として自らで回路を解く者や，解法のスマートさに感心させられることもあった。しかし，基礎知識は十分に身についているが，なかなか解にたどり着けない者も多く見られた。これらの学生に共通することは，基礎知識を組み合わせて解へ導く過程のどこかでつまずき，あと一歩が乗り越えられないのである。解法を理解すれば難なく解けるのである。著者らは，持ち合わせた知識から必要な部分を道具のごとく利用して，解答へむけてほぐしたり紡いだりすることを解法と考えている。

　本シリーズは，電気回路，アナログ回路，ディジタル回路に関して幅広く問題を取り上げ，解法（解き方）に視点をあてて書いたものである。各節は全て「ポイント」，「例題」，「練習問題」で構成し，始めの「ポイント」では，問題を解く上で必要とされる知識に絞り，解説を行った。続く例題を通して問題の解法を丁寧に示した。最後の「練習問題」では，実力が身に付いたことを確認するための問題を用意した。巻末の解答は，略解とせずに詳しい解法と解答を示した。また，節ごとに示した「キーワード」によって，あらかじめ節の概要を確認することができるので，索引と併用して活用いただきたい。

本書はディジタル回路の分野を次の 6 章で構成した。第 1 章「2 進数と論理回路」，第 2 章「論理式の簡略化」，第 3 章「組合せ回路」，第 4 章「フリップフロップ」，第 5 章「順序回路」，第 6 章「アナログ／ディジタル変換」。これらの各節については，その独立性に配慮して解説した。必要なところから始める，演習問題が解けない箇所を取り組むなど，それぞれの読者に合った方法で効率良く進めて頂きたい。

　最後に，本書の出版を強く勧めて頂いた電波新聞社の細田武男氏と太田孝哉氏の両氏に厚く感謝の意を表したい。

2019 年 7 月　著者ら記す

目　次

はじめに　iii

1章　2進数と論理回路　　1

1.1　アナログとディジタル ……………………………………………… 2
　　練習問題 1 ………… 7

1.2　2進数の計算 ………………………………………………………… 8
　　練習問題 2 ………… 13

1.3　補数の計算 …………………………………………………………… 14
　　練習問題 3 ………… 20

1.4　真理値表とタイミングチャート …………………………………… 23
　　練習問題 4 ………… 28

1.5　基本論理回路（NOT，AND，OR）………………………………… 29
　　練習問題 5 ………… 34

1.6　基本論理回路（NAND，NOR，EXOR）…………………………… 35
　　練習問題 6 ………… 40

2章　論理式の簡単化　　41

2.1　ブール代数の基礎 …………………………………………………… 42
　　練習問題 7 ………… 47

2.2　論理式の求め方 ……………………………………………………… 48
　　練習問題 8 ………… 54

2.3　ベイチ図の基礎 ……………………………………………………… 55
　　練習問題 9 ………… 61

2.4　ベイチ図の活用（3種類の論理変数）……………………………… 62
　　練習問題 10………… 69

2.5　ベイチ図の活用（4種類の論理変数）……………………………… 70
　　練習問題 11………… 78

3章 組合せ回路 83

3.1 組合せ回路の設計手順 84
練習問題 12 89

3.2 エンコーダとデコーダ 90
練習問題 13 95

3.3 マルチプレクサとデマルチプレクサ 96
練習問題 14 101

3.4 加算器 102
練習問題 15 107

4章 フリップフロップ 113

4.1 ラッチ回路 114
練習問題 16 121

4.2 RS–FF と JK–FF 124
練習問題 17 130

4.3 D–FF と T–FF 131
練習問題 18 136

5章 順序回路 137

5.1 レジスタとシフトレジスタ 138
練習問題 19 143

5.2 非同期式カウンタ 144
練習問題 20 149

5.3 同期式カウンタ 150
練習問題 21 156

6章 アナログ / ディジタル変換　　161

6.1　A/D 変換 ·· 162
　　練習問題 22·········· 167

6.2　D/A 変換 ·· 170
　　練習問題 23··········· 176

練習問題の解答　　179

1章　2進数と論理回路 ··· 180
　　練習問題　1···180 ／練習問題　2···180 ／練習問題　3···180
　　練習問題　4···181 ／練習問題　5···181 ／練習問題　6···181

2章　論理式の簡単化 ··· 183
　　練習問題　7···183 ／練習問題　8···183 ／練習問題　9···183
　　練習問題 10···184 ／練習問題 11···184

3章　組合せ回路 ·· 186
　　練習問題 12···186 ／練習問題 13···186 ／練習問題 14···187
　　練習問題 15···187

4章　フリップフロップ ·· 188
　　練習問題 16···188 ／練習問題 17···188 ／練習問題 18···189

5章　順序回路 ·· 190
　　練習問題 19···190 ／練習問題 20···190 ／練習問題 21···190

6章　アナログ / ディジタル変換 ··························· 191
　　練習問題 22···191 ／練習問題 23···191

Q&A 1	丸め誤差 ……………………………………… *21*
Q&A 2	カルノー図 ………………………………… *79*
Q&A 3	加算器を使用した減算 …………………… *108*
Q&A 4	RS-FF の動作 ……………………………… *122*
Q&A 5	クロック信号 ……………………………… *157*
Q&A 6	標本化定理 ………………………………… *168*

コラム	デジタル・シグナル・プロセッサ(DSP) ………… *81*
コラム	プログラマブル・ロジック・デバイス(PLD)… *110*
コラム	EMC 試験の必要性 ……………………………… *159*
コラム	ダイレクト・ディジタル・シンセサイザ(DDS) …… *177*

1章

2進数と論理回路

　私たちは，日常的に10進数を使用しています。また，計算には，四則演算（加減乗除）を基本にした算術演算を用いています。しかし，ディジタル回路では，0と1を使用した処理を行います。したがって，ディジタル回路をマスターするためには，0と1から成る2進数を理解していることが役立ちます。また，計算は，AND，OR，NOTのような論理演算が基本になります。

　本章では，ディジタル方式の特徴や2進数の基礎，論理演算の方法について説明します。論理演算は，ディジタル回路を構成する基本要素ですから，しっかりと理解しましょう。また，論理演算を行う論理回路は，ディジタル回路を実現するための理論的な回路であると定義して，ディジタル回路と区別して考える場合もあります。しかし，一般的には，両者を同意と考えても支障ありません。本書も，論理回路とディジタル回路について，特別な使い分けをせずに説明します。

1章 2進数と論理回路
1.1 アナログとディジタル

キーワード

アナログ　ディジタル　連続　不連続　2値　bit　Byte　bps　しきい値

ポイント

(1) アナログ信号とディジタル信号

　アナログ信号（analog signal）は，図(a)に示すように連続した信号であり，ディジタル信号（digital signal）は，図(b)に示すように2値（binary）で表現される不連続な信号です。ここで，2値とは，1/0，H/L，Yes/No，ON/OFFなどの二つの状態のみで表現する値をいいます。ディジタル信号では2値の並びを情報に割り当てて扱います。ディジタル値の単位をbit（ビット）といい，たとえば1001は4bit，11011は5bitです。8bit分をまとめた単位としてByte（バイト）が使われます。

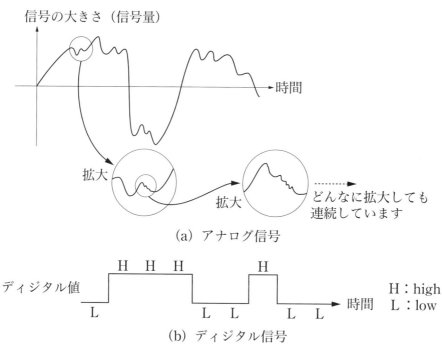

図1-1　アナログ信号とディジタル信号

(2) ディジタル信号の利点

　われわれが日常で扱っている音の大きさ，温度，速度，明るさ，水量などのほ

とんどの情報はアナログ情報です。これらのアナログ情報をディジタル化して扱うことは次に示す点で効果的です。

- 再現性よく伝送することができる（雑音に強い）。
- パソコン，マイクロプロセッサ，ディジタルデバイスなどで情報を扱うことができる。（複雑なディジタル信号処理が可能）。
- ディジタル記憶素子やディジタル記憶装置に情報を記憶することができる（正確に大容量の記憶が可能で検索が容易）。

(3) ディジタル信号の表現

図にディジタル信号の例を示します。図はオシロスコープ（oscilloscope）などの測定器で観測した波形をディジタル信号（H：ハイレベル，L：ローレベル）として符号化したものです。ディジタル信号を扱うための取り決めとして，しきい値（threshold value）を 1.5 V，伝送速度（transfer rate）を 1 Mbps としています。

しきい値とは，ディジタル信号のH（ハイ）レベルとL（ロー）レベルとの境界を定めたもので，しきい値を超えた場合はH（ハイ）レベル，しきい値に達しない場合はL（ロー）レベルとなります。

伝送速度の単位「bps」とは，1秒当たりの伝送ビット数（bits per second）を示し，設定値 1 Mbps は 1 秒に 1 Mbit のディジタル信号を伝送することを示しています。図の波形を見ると，1 μs に 1 bit が伝送されています。これを 1 秒当たりのビット量に換算すると，$1 \times \dfrac{1}{1 \times 10^{-6}} = 1 \times 10^6 = 1\,\mathrm{Mbit}$ です。すなわち設定値の 1 Mbps となっていることが分かります。

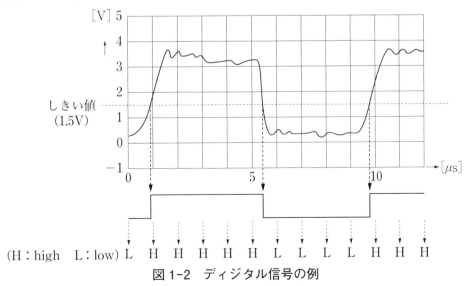

図 1-2　ディジタル信号の例

例題 1

ディジタル信号の伝送に関する次の問い(1)〜(3)に答えよ。

(1) 200 Mbps の伝送速度でディジタル通信を行う場合，1時間で送ることのできる情報量は何〔Byte〕か。

(2) 15分で 1.5 MByte のデータを送るために必要なデータ伝送速度を bps で答えよ。

(3) 周波数 4 MHz のクロックを用いて2クロック当たり1ビットのデータを転送する。このときのデータ転送速度を bps で答えよ。

解き方

(1) 200 Mbps は1秒間に 200 Mbit のデータ転送を意味します。1時間を秒換算して1時間分のデータ転送量を求めます。

(2) 15分で 1.5 MByte（1.5 M×8 bit）のデータ転送速度より，1秒当たりのデータ転送量を換算します。

(3) まず，クロックの周波数 f〔Hz〕よりクロックの周期 T〔s〕を求めます。次に2クロック当たり 1 bit のデータ転送量を2周期時間当たりに 1 bit のデータ転送量と考え，1秒当たりの転送ビットを求めます。

解答

(1) $200 \times 10^6 \times 60 \times 60 = 720 \times 10^9$ bit

$720 \times 10^9 \div 8 = 90 \times 10^9 = 90$ GByte

(2) $1.5 \times 10^6 \times 8 \div (15 \times 60) \fallingdotseq 13.3 \times 10^3 = 13.3$ kbps

(3) 2周期当たり 1 bit の bps 値は，$\dfrac{1}{2T}$ となるので，

$$\frac{1}{2T} = \frac{1}{2 \cdot \frac{1}{f}} = \frac{f}{2} = \frac{4 \times 10^6}{2} = 2 \times 10^6 = 2 \text{ Mbps}$$

例題 2

図(a)の波形をディジタル信号として(b)に示せ。ただし，しきい値を2V とする。

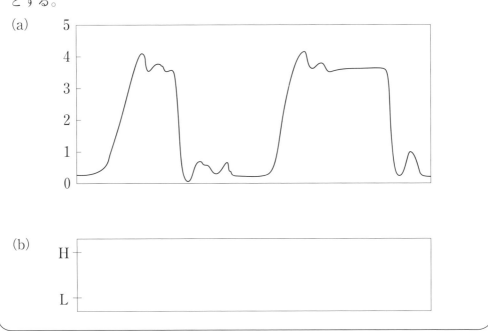

解き方

2Vのしきい値の線を波形上に記入し，しきい値を超えた場合はHレベル，しきい値に達しない場合はLレベルとして，図(b)に記入します。

解答

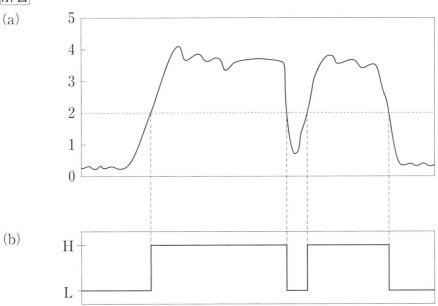

図(a)の波形をディジタル信号として(b)に示せ。ただし，しきい値をHレベルに関しては 2.5 V，L レベルに関しては 0.5 V とする。

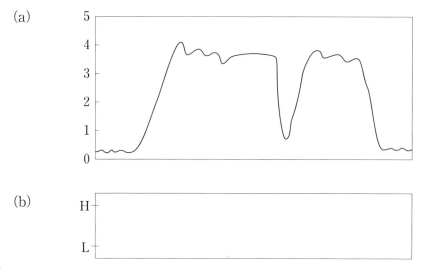

解き方

H レベルのしきい値線（2.5 V）と L レベルのしきい値線（0.5 V）の二つを波形上に記入し，H レベルのしきい値を超えた場合は H レベル，L レベルのしきい値を下回った場合は L レベルとして，図(b)に記入します。H レベルと L レベル間の遷移中の状態やノイズ等による H レベルでもなく L レベルでもない状態を不定状態といい，ハッチ（網掛け）で示します。

解答

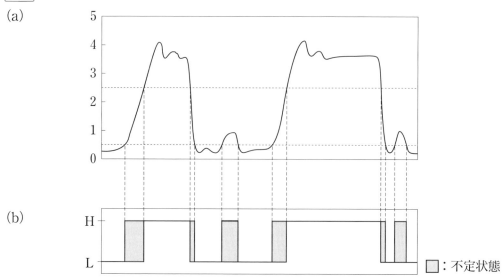

1 ディジタル信号に関する次の問いに答えよ。
 (1) 28700 bit は何［Byte］か。
 (2) 4 MByte は何［bit］か。
 (3) 4ビットのディジタル信号で表現できる情報は何通りか。
 (4) 8ビットのディジタル信号で表現できる情報は何通りか。

2 ディジタル信号の伝送に関する次の問いに答えよ。
 (1) 2 Mbps で通信を行う場合，10分間で転送できる情報量は何［Byte］か。
 (2) 1 GHz で通信を行う場合，10分間で転送できる情報量は何［Byte］か。ただし，1クロックあたり1 bit のデータを転送する。
 (3) 5分間で 600 GByte のデータを転送したい。このときに必要な転送速度は最低何［bps］か。

3 図 (a) の波形をディジタル信号として (b) に示せ。ただし，しきい値は 1.5 V とする。

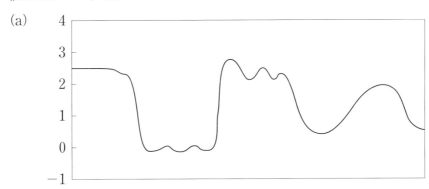

1章　2進数と論理回路

1.2 2進数の計算

━ キーワード

2進数　16進数　基数　基数変換　MSB　LSB　桁上がり

👆 ポイント

(1) ディジタル信号と2進数

われわれが日常で使用している10進数（decimal number）に対して，ディジタル信号は2値であるので，数や情報は0と1で表現される2進数（binary number）に割り当てられて処理されます。**表1-1**に2進数，10進数，16進数（hexadecimal number）の比較を示します。

表1-1　2進数，10進数，16進数の比較

	2進数	10進数	16進数
使用する数字（記号）の種類	0, 1	0, 1, 2, 3, 4, 5, 6, 7, 8, 9	0,1,2,3,4,5,6,7,8, 9,A,B,C,D,E,F
使用する数字（記号）の個数	2	10	16
繰り上り桁の重み	1, 2, 4, 8, … の2倍	1,10,100,1000,… の10倍	1,16,256,4096,… の16倍

(2) 2進数，10進数，16進数

表1-2に2進数，10進数，16進数の対応を示します。**図1-3**に示すように，10進数では数が10増えるごとに繰り上がりが生じますが，2進数では数が2増えるごとに桁上がりが生じます。10進数における「10」や2進数における「2」や16進数における16などは基数（radix）呼ばれます。たとえば，10進数の10と2進数の10を区別するために，（　）に基数を添えて$(10)_{10}$や$(10)_2$と表現します。

表1-2　2進数，10進数，16進数の対応

2進数	0	1	10	11	100	101	110	111	1000	1001	1010	1011	1100	1101	1110	1111	10000	10001
10進数	0	1	2	3	4	5	6	7	8	9	10	11	12	13	14	15	16	17
16進数	0	1	2	3	4	5	6	7	8	9	A	B	C	D	E	F	10	11

8

図 1-3 10 進数と 2 進数の位

ある数値を異なった進数に変えることを基数変換（radix conversion）といいます。10 進数を 2 進数に基数変換するには，図(a)に示すように 10 進数を 2 で割り続けて，求めた逆の順序で余りを並べます。

2 進数を 10 進数に基数変換するには，図(b)に示すように 2 進数の各桁の位を考えて足し合わせます。

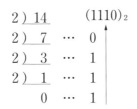

(a) 10 進数を 2 進数へ

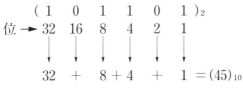

(b) 2 進数を 10 進数へ

図 1-4 10 進数と 2 進数の基数変換

(3) 2 進数と 16 進数

2 進数の 4 桁分を 16 進数の 1 桁として表現することができます。図に 2 進数と 16 進数との対応を示します。また，2 進数の最上位ビットを MSB（most significant bit），最下位ビットを LSB（least significant bit）といいます。

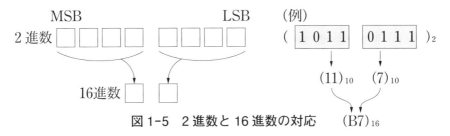

図 1-5 2 進数と 16 進数の対応

例題 1

次の 10 進数を 2 進数に基数変換せよ。

(1) 5

(2) 17

(3) 51

(4) 100

(5) 350

解き方

比較的小さな数の場合は，2 進数の各桁の重みを考えて次の例のように解きます。大きな数の場合は 2 で除算して余りを並べる方法を用います。

$$\times 2 \longleftarrow \quad 64 \; 32 \; 16 \; 8 \; 4 \; 2 \; 1$$

1	0	0	1	0	0	1

$$73 \; = \; 64 \; + \; 8 \; + \; 1$$

解答

(1) $(101)_2$：5＝重み 4 ＋重み 1

(2) $(10001)_2$：17＝重み 16＋重み 1

(3) $(110011)_2$：51＝重み 32＋重み 16＋重み 2 ＋重み 1

(4) $(1100100)_2$：下図参照

(5) $(101011110)_2$：下図参照

```
                                    2)350
                                    2)175  …  0
              2)100                 2) 87  …  1
              2) 50  …  0           2) 43  …  1
              2) 25  …  0           2) 21  …  1
              2) 12  …  1           2) 10  …  1
              2)  6  …  0           2)  5  …  0
              2)  3  …  0           2)  2  …  1
              2)  1  …  1           2)  1  …  0
              2)  0  …  1           2)  0  …  1
          (a) 100 の基数変換       (b) 350 の基数変換
```

10

1.2 2進数の計算

例題 2

次の 2 進数を 10 進数に基数変換せよ。

(1) $(1011)_2$

(2) $(111101)_2$

(3) $(101010)_2$

(4) $(1111)_2$

(5) $(11111111)_2$

解き方

1 になっている桁に対して，重みを考えて加算します。全ての桁が 1 の場合は，1 を加えて全ての桁を桁上がりさせ，その数を 10 進数に基数変換します。求めた 10 進数は，答えより 1 大きいので，最後に 1 を引き戻します。

解答

(1) 11：8＋2＋1

(2) 61：32＋16＋8＋4＋1

(3) 42：32＋8＋2

(4) 15：下図参照

$$
\begin{array}{r}
(1\ 1\ 1\ 1)_2 \\
+\quad\quad\quad 1 \\
\hline
(1\ 0\ 0\ 0\ 0)_2
\end{array}
\longrightarrow (16)_{10} - 1 = (15)_{10}
$$

(5) 255：下図参照

$$
\begin{array}{r}
(1\ 1\ 1\ 1\ 1\ 1\ 1\ 1)_2 \\
+\quad\quad\quad\quad\quad\quad\quad 1 \\
\hline
(1\ 0\ 0\ 0\ 0\ 0\ 0\ 0\ 0)_2
\end{array}
\longrightarrow (256)_{10} - 1 = (255)_{10}
$$

例題 3

次の 2 進数と 16 進数の対応表について，(1)〜(7)を埋めて完成せよ。

2 進数	16 進数
11	(1)
1110	(2)
10110110	(3)
101010	(4)
(5)	B
(6)	CA
(7)	D8E

解き方

16 進数 1 桁と 2 進数 4 桁を対応させます。2 進数の桁数が 4 の倍数になっていない場合は，下位の桁より 4 桁ごとに 16 進数に対応させます。

解答

(1) $(3)_{16}$

(2) $(E)_{16}$：$8+4+2=14 \rightarrow (E)_{16}$

(3) $(B6)_{16}$：$8+2+1=11 \rightarrow (B)_{16}$

　　$4+2=6 \rightarrow (6)_{16}$

(4) $(2A)_{16}$：$2 \rightarrow (2)_{16}$

　　$8+2=10 \rightarrow (A)_{16}$

(5) $(1011)_2$：$(B)_{16} \rightarrow (11)_{10} \rightarrow (1011)_2$

(6) $(11001010)_2$：$(C)_{16} \rightarrow (12)_{10} \rightarrow (1100)_2$,

　　$(A)_{16} \rightarrow (10)_{10} \rightarrow (1010)_2$

(7) $(110110001110)_2$：$(D)_{16} \rightarrow (1101)_2$

　　$(8)_{16} \rightarrow (1000)_2$

　　$(E)_{10} \rightarrow (1110)_2$

練習問題 2

1 次の10進数を2進数に基数変換せよ。
(1) 25
(2) 47
(3) 200
(4) 750

2 次の2進数を10進数に基数変換せよ。
(1) $(1110)_2$
(2) $(111001)_2$
(3) $(11001100)_2$
(4) $(11111)_2$
(5) $(11100111)_2$

3 次の2進数を16進数に基数変換せよ。
(1) $(1010)_2$
(2) $(101011)_2$
(3) $(1001001)_2$
(4) $(1000110)_2$
(5) $(111111000011)_2$

4 次の2進数の算術演算をせよ。

```
    1 1          1 1 0 0        1 0 1 0
 +    1       +   1 1 0      + 1 1 0 1
  ─────        ─────────      ─────────
    (1)           (2)            (3)


  1 0 0         1 1 0 0        1 0 1 0
 −  1 1       −   1 1 0      − 1 0 0 1
  ─────        ─────────      ─────────
    (4)           (5)            (6)
```

1章 2進数と論理回路
1.3 補数の計算

キーワード

補数　2の補数　1の補数　正の数　負の数　最上位ビット（MSB）　減算　加算　2進化10進数（BCD）

ポイント

(1) 補数

　ある自然数に数値を加算して，その自然数を1桁増やすことを考えます。このとき加算すべき最小の数値を補数（complement）といいます。例えば，10進数の78を考えると，22を加算すれば78＋22＝100となり，1桁増えた3桁になります。このとき, 78の補数は22であるといいます。2進数でも考え方は同じです。例えば，$(1100)_2＋(0100)_2＝(10000)_2$であるため，$(1100)_2$の補数は$(0100)_2$です。一般的に，2進数についての補数を2の補数（twos complement）と呼び，2の補数から1を引いた数を1の補数（ones complement）と呼びます。これらは，図のようにして求めることができます。

$$
\begin{array}{r}
1\ 1\ 0\ 0 \ \Rightarrow \ 元の2進数 \\
\downarrow \quad 各ビットを反転する \\
0\ 0\ 1\ 1 \ \Rightarrow \ \boxed{1の補数} \\
+)\quad\quad\quad 1 \quad 1を加算する \\
\hline
0\ 1\ 0\ 0 \ \Rightarrow \ \boxed{2の補数}
\end{array}
$$

図1-6　1の補数と2の補数の求め方

(2) 負の数の表現

　2進数において，正負の数を表現するのに補数が利用できます。4ビットの2進数では，表1-3のように10進数の−8〜＋7に対応する数値を表現できます。この表現法では, 正の数（positive number）と負の数（negative number）が, 互いに2の補数に対応する関係になっています。また，最上位ビット（MSB：most significant bit）が0なら正の数，1なら負の数と判定できます。

14

表 1-3 10進数と2進数の対応

10進数	2進数	10進数	2進数
-8	1000	0	0000
-7	1001	$+1$	0001
-6	1010	$+2$	0010
-5	1011	$+3$	0011
-4	1100	$+4$	0100
-3	1101	$+5$	0101
-2	1110	$+6$	0110
-1	1111	$+7$	0111

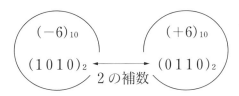

図 1-7 正の数と負の数の関係

(3) 補数を用いた計算

補数を用いた正負の数値表現を用いた2進数では，算術演算にも補数を活用することができます。正の数と負の数が，互いに2の補数に対応していることを利用すれば，減算 (subtraction) を加算 (addition) として計算できます。例えば，10進数の 6−4＝2 を考えると，2進数では図のように $(0100)_2 - (0100)_2$ の減算を $(0100)_2 + (1100)_2$ の加算として計算できます。ただし，この例では4ビットで表現できる範囲の数値しか扱えないことに注意してください。計算結果 $(10010)_2$ の MSB を無視した4ビットの $(0010)_2$ が答えになります。

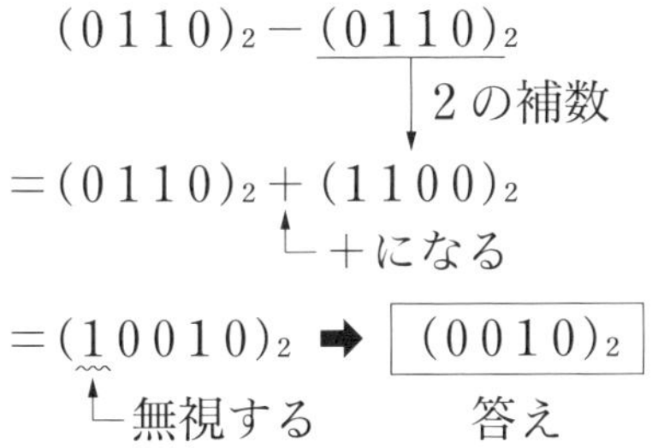

$$(0110)_2 - (0110)_2$$
$$= (0110)_2 + (1100)_2$$
$$= (10010)_2 \rightarrow \boxed{(0010)_2}$$

図 1-8 減算を加算に変えた計算例

(4) 2進化10進数

2進数を4ビットごとに10進数の1桁に対応させた数を2進化10進数（BCD：binary coded decimal）といいます。例えば，小数部をもつ10進数を

2進数として扱うと循環小数になることがあります。このとき，あるビット以下を切り捨てる必要があるため，誤差を生じてしまいます。2進化10進数を用いれば，もとの10進数をそのままの形式でデータとして保持できます(Q&A参照)。

表1-4　10進数と2進化10進数の対応

10進数	2進化10進数	10進数	2進化10進数	10進数	2進化10進数
0	0000 0000	6	0000 0110	12	0001 0010
1	0000 0001	7	0000 0111	13	0001 0011
2	0000 0010	8	0000 1000	14	0001 0100
3	0000 0011	9	0000 1001	15	0001 0101
4	0000 0100	10	0001 0000	16	0001 0110
5	0000 0101	11	0001 0001	17	0001 0111

例題 1

次の4ビットまたは，8ビットの2進数について，1の補数と2の補数を答えよ。

(1) $(0111)_2$

(2) $(1010)_2$

(3) $(1111)_2$

(4) $(0010\ 1110)_2$

(5) $(1011\ 0000)_2$

解き方

2進数において，各ビットを反転（0→1, 1→0）すれば，1の補数になります。さらに，1の補数に1を算術加算すれば，2の補数になります。ただし，補数を

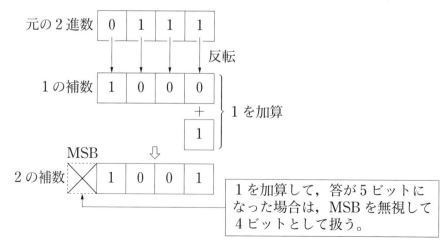

考えるときは，あらかじめ2進数のビット数を決めておくべきです。例えば，(1) (0111)₂では，最上位ビット（MSB）が0であるため，3ビットの(111)₂としても同じ数値です。しかし，それぞれの2の補数を求めると，(1001)₂及び，(001)₂となり，MSBの値が異なってしまいます。このため，問題で指定されているように，4ビットとして扱う必要があります。

解答

　　1の補数，2の補数

(1)　$(1000)_2$，$(1001)_2$

(2)　$(0101)_2$，$(0110)_2$

(3)　$(0000)_2$，$(0001)2$

(4)　$(1101\ 0001)_2$，$(1101\ 0010)_2$

(5)　$(0100\ 1111)_2$，$(0101\ 0000)_2$

例題 2

　8ビットの2進数において，2の補数を用いた正負の整数を表現する場合，次の(1)〜(4)に答えよ。

(1)　扱える整数の範囲を答えよ。ただし，0は正の範囲として扱うこととする。

(2)　$(+65)_{10}$は，どのように表現されるか。

(3)　$(-65)_{10}$は，どのように表現されるか。

(4)　$(1000\ 1010)_2$は，正の数または負の数のどちらか。

解き方

　8ビットの2進数では，$2^8 = 256$通りのデータ表現ができます。これを0及び，正の整数に割り当てると，0〜+255の範囲に対応します。最大値が+256ではなく+255になっているのは，0への割り当て分があるからです。正に加えて負の数にも割り当てを行う場合は，−128〜+127の256通りのデータ範囲になります。

　$(+65)_{10}$は，正の数なので，8ビットの2進数に基数変換すれば，答が求まります。また，この答えの2の補数を計算すれば，正負が入れ替わりますので，$(-65)_{10}$に対応する2進数が求まります。

　2の補数を用いた表現では，MSBの値によって，即座に正負を判定できます。

解答
(1)　$2^8=256$

　　負の数への割り当て分：$256÷2=128$

　　正の数への割り当て分：$128-1=127$　（0への割り当て分を引く）

　　よって，$-128〜+127$

(2)　$(0010\ 0001)_2$

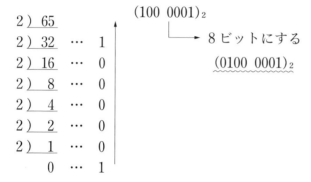

(3)　$(1101\ 1111)_2$

(4)　MSBが1であることから，負の数

1.3 補数の計算

例題 3

次の算術計算の結果を答えよ。ただし，数値は，8ビットの2進数について，2の補数による正負の表現を用いている。

(1) $(0010\ 1110)_2 + (0010\ 1010)_2$

(2) $(1010\ 1110)_2 + (0010\ 1110)_2$

(3) $(1000\ 1110)_2 + (1111\ 0110)_2$

(4) $(0110\ 0110)_2 - (0010\ 1110)_2$ このまま減算として計算しなさい。

(5) $(0110\ 0110)_2 - (0010\ 1110)_2$ 加算に変形して計算しなさい。

解き方

2の補数による正負の表現を用いているため，MSBの値によって正負の判定ができますが，正または負のいずれの数値であっても，そのまま計算すれば答が得られます。ただし，8ビットで表現できる範囲（-128〜$+127$）を超える数値は扱えないことに注意しましょう。

2の補数による正負の表現では，2の補数を計算することで正負の符号が反転します。このことを利用すれば，減算を加算として計算できます。この性質は，ディジタル回路として加算回路によって，加算だけでなく，減算も計算できることに利用できます（第3章Q&A参照）。(4)と(5)は，同じ数値計算ですので，答が一致することを確認してください。

解答

(1) $(0101\ 1000)_2$

(2) $(1101\ 1100)_2$

(3) $(1000\ 0100)_2$

(4) $(0011\ 1000)_2$

(5)

$(0010\ 1110)_2$ の2の補数 → $(1101\ 0010)_2$

$(0110\ 0110)_2 - (0010\ 1110)_2$

　 $= (0110\ 0110)_2 + (1101\ 0010)_2$

　 $= (1\ 0011\ 1000)_2$

9ビットになるので，MSBの1を無視した $(0011\ 1000)$ が答えとなり(4)と一致する。

19

練習問題 3

1 16ビットの2進数において，2の補数を用いた正負の整数を表現する場合，扱える整数の範囲を答えよ。ただし，0は正の範囲として扱うこととする。

2 次の数値は，2の補数を用いて正負の整数を表現した8ビットの2進数である。これらの数値を10進数に基数変換した値を答えよ。

(1) $(0011\ 0111)_2$

(2) $(1111\ 0010)_2$

(3) $(0111\ 0001)_2$

(4) $(1000\ 1000)_2$

(5) $(1111\ 1111)_2$

3 8ビットの2進数において，2の補数を用いた正負の整数を表現する場合，次の算術演算が正しいかどうか答えよ。また，正しくない場合は，その理由を答えよ。

(1) $(0001\ 1111)_2 + (0010\ 0010)_2 = (0100\ 0001)_2$

(2) $(1001\ 1111)_2 + (1010\ 0010)_2 = (0100\ 0001)_2$

(3) $(1001\ 1100)_2 + (0010\ 0010)_2 = (1011\ 0110)_2$

4 次の2進化10進数を10進数に基数変換した値を答えよ。

(1) $(1001\ 0010)_{BCD}$

(2) $(0110\ 0101\ 0111)_{BCD}$

(3) $(0000.0001)_{BCD}$

5 4桁の10進数を2進化10進数で表現する場合に必要なビット数を答えよ。

Q&A 1 丸め誤差

Q 10進数のデータを2進数として計算処理などをする場合，誤差を生じることがあると聞きましたが，どういうことでしょうか？

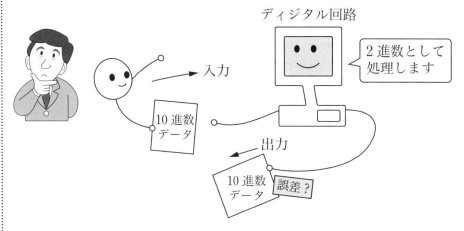

図1　ディジタル処理における誤差

A 私たちは，日常的に10進数を使った生活をしています。一方，コンピュータなどのディジタル回路では，2進数を使って信号処理を行います。このため，例えば，10進数の2＋3の加算をディジタル回路で行う場合には，2進数の010＋011として計算します。この例では，2進数の加算010＋011＝101となり誤差は生じません。次に，小数部をもつ10進数であるデータ0.1を扱う場合を考えてみましょう。(0.1)を基数変換して，2進数にすると 0.000110011001100110011……　となります。このように，小数部に，ある数（この例では，0011）が終わり無く繰り返し現れる数を循環小数といいます。循環小数は，繰り返し現れる数の上部にドット（・）を付けて表示します。

図2　循環小数の例

ディジタル回路でデータ処理を行う場合には，データの最大ビット数を決めて回路を構成しておく必要があります。例えば，データの小数部を格納す

る最大ビット数を16ビットとしておけば，下図のようにデータが格納されます。

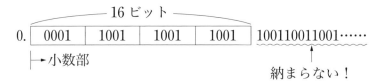

図3　データの格納例

　この例では，小数点以下第16位より下位のデータは用意した格納域に納まりません。このように，下位の位でデータがあふれ出ることを，アンダーフロー（underflow）といいます。このとき，アンダーフローしたデータは，切り捨てられることになり，元の数（0.1）との間に誤差が生じます。このような誤差を丸め誤差（rounding error）といいます。用意する格納域のビット数を増やせば丸め誤差の値は小さくなっていきます。しかし，格納域のビット数を無限に増やすことはできませんので，丸め誤差をゼロにすることはできません。

　例えば，10進数の0.1を10000回加算した正しい答えは1000です。しかし，この計算をディジタル回路で行った場合は，丸め誤差が生じるために，1000より小さな値が答えとして出力される可能性があります。丸め誤差の影響を減らすためには，用意する格納域のビット数を増やすことが必要です。

　これまで説明したように，10進数の0.1を2進数で表現すると丸め誤差が生じます。しかし，2進化10進数（BCD）を用いれば，誤差のないそのままの数で表示することができます。

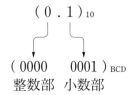

図4　BCD表示の例

1.4 真理値表とタイミングチャート

キーワード

論理回路　2値　真理値表　タイミングチャート

ポイント

(1) 論理回路

論理回路（logic circuit）とは，H（ハイ）とL（ロー），1と0，YesとNoなどの二つの状態（2値）のみで機能を表現する回路です。

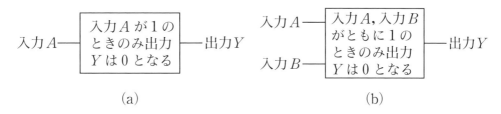

図1-9　論理回路

(2) 真理値表

真理値表（truth table）とは，論理回路の入力状態の全ての組合せに対する出力の状態を示した表のことであり，論理回路の機能を示します。

表1-5　真理値表

入力 A	出力 Y
0	1
1	0

(a)

入力 A	入力 B	出力 Y
0	0	1
0	1	1
1	0	1
1	1	0

(b)

(3) タイミングチャート

タイミングチャート（timing chart）とは，論理回路の入力状態と出力状態を時間軸に従って示したものです。

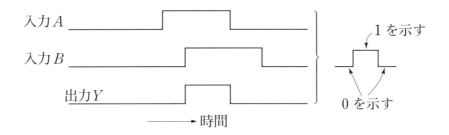

図1-10　タイミングチャート

1.4　真理値表とタイミングチャート

例題 1

　次に示す論理回路の仕様（説明）より，真理値表を作成せよ。

［仕様］

　入力 A，B，出力 Y を持ち，入力 A と入力 B がともに 1 のときのみ出力 Y は 1 となる。

解き方

　入力 A，B のすべての組み合わせを考えます。入力は 0 と 1 の二つの状態を取るので入力数 n 個の場合は，2^n 通りの入力状態の組み合わせを考えます。この問題の場合は，2 入力なので $2^n = 2^2 = 4$ 通りの入力状態を真理値表の欄に示します。

解答

入力		出力
A	B	Y
0	0	0
0	1	0
1	0	0
1	1	1

$2^n = 2^2$
$= 4$ 通り

← 入力 A，入力 B がともに 1 のときのみ出力は 1

25

例題 2

次の論理回路の仕様より，真理値表を作成せよ。

[仕様]

A，B，C の 3 入力，出力 Z をもつ論理回路で，3 つの入力のうち 2 つ以上が 1 のときのみ出力 Z は 0 となる。

解き方

入力数 $n=3$ なので，$2^n = 2^3 = 8$ 通りの状態を考えます。真理値表を作成する場合は，2 進数で $(000)_2$ から $(111)_2$ までを順番に示します。

解答

A	B	C	Z
0	0	0	1
0	0	1	1
0	1	0	1
0	1	1	0
1	0	0	1
1	0	1	0
1	1	0	0
1	1	1	0

入力の 2 つ以上が
1 の場合

26

例題 3

図(a)の真理値表を参照して，図(b)のタイミングチャートの出力を示せ。

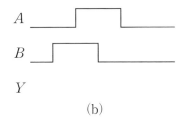

A	B	Y
0	0	0
0	1	0
1	0	0
1	1	1

(a)　　　　　　(b)

解き方

タイミングチャートの入力 A と入力 B の状態を図のように考え，対応する出力 Y の状態をタイミングチャートに示します。

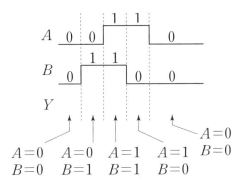

解答

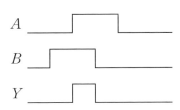

練習問題 4

1 次に示す論理回路の仕様（説明）より，真理値表を作成せよ。

[仕様]

入力 A, B, 出力 Y を持ち，入力 A と入力 B がともに 0 のときのみ出力 Y は 0 となる。

2 次の論理回路の仕様より，真理値表を作成せよ。

[仕様]

A, B, C の 3 入力，出力 Z をもつ論理回路で，3 つの入力のうち 2 つのみが 0 のときのみ出力 Z は 1 となる。

3 図(a)の真理値表を参照して，図(b)のタイミングチャートの出力を示せ。

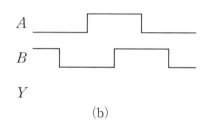

A	B	Y
0	0	0
0	1	1
1	0	1
1	1	0

(a) (b)

4 図のタイミングチャートより真理値表を作成せよ。

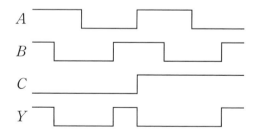

1.5 基本論理回路(NOT, AND, OR)

NOT　反転　AND　OR　MIL　JIS

ポイント

(1) NOT（ノット）

NOTは1入力, 1出力の論理回路であり, 入力が1のときは出力を0に, 入力が0のときは出力を1にします。入力状態を反転して出力するものです。

(a) 図記号

入力	出力
A	Y
0	1
1	0

(b) 真理値表　　(c) タイミングチャート（例）　　(d) 論理式

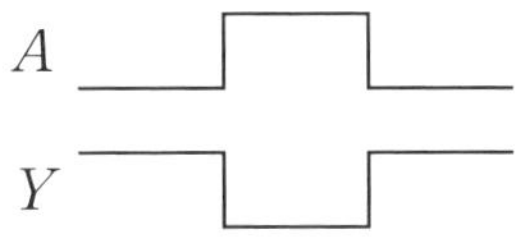

$Y=\overline{A}$
(A バーと読む)

図1-11　NOT

(2) AND（アンド）

ANDは, 入力の状態が全て1のときのみ出力を1にします。状態0で説明すると, 入力に一つでも0があれば出力を0にするものです。

(a) 図記号

入力		出力
A	B	Y
0	0	0
0	1	0
1	0	0
1	1	1

(b) 真理値表　　(c) タイミングチャート（例）　　(d) 論理式

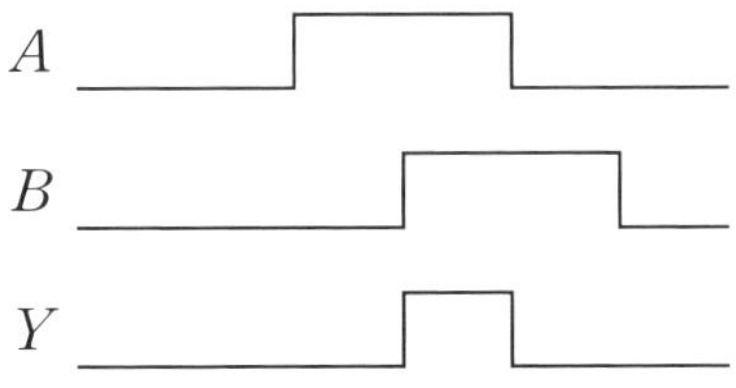

$Y=A \cdot B$
(・はアンドと読む)

図1-12　AND

(3) OR（オア）

ORは入力のうちの一つでも1があれば，出力を1にします。状態0で説明すると，全ての入力状態が0のときのみ出力は0になるものです。

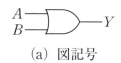

(a) 図記号

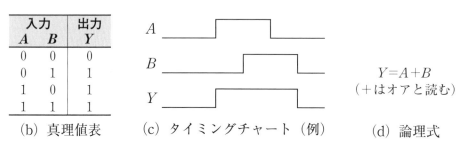

入力		出力
A	B	Y
0	0	0
0	1	1
1	0	1
1	1	1

(b) 真理値表　　(c) タイミングチャート（例）　　(d) 論理式

$Y = A + B$
（＋はオアと読む）

図1-13　OR

(4) JISによる図記号

基本論理回路の表記は，MIL（military specification standards）で定められた図記号が広く用いられています。本書でも，MILによる図記号を用いて説明をしていますが，参考のため，JIS（Japanese industrial standards）による図記号の例を示します。

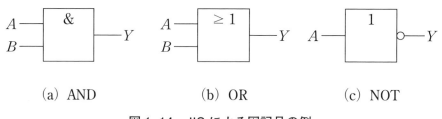

(a) AND　　　　　(b) OR　　　　　(c) NOT

図1-14　JISによる図記号の例

例題 1

図に示す NOT について，真理値表とタイミングチャートを完成せよ。

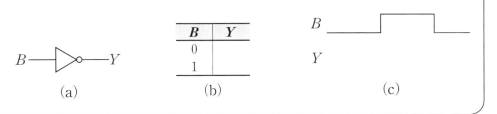

解き方

ポイント(1)で説明した NOT の真理値表とタイミングチャートを参照してください。

解答

B	Y
0	1
1	0

(a) 真理値表　　(b) タイミングチャート（例）

2

図(a)に示す論理回路について，真理値表(b)とタイミングチャート(c)を完成せよ。

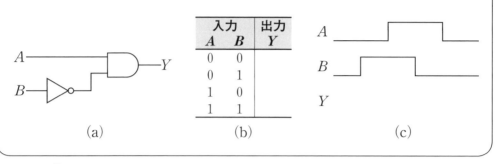

解き方

この回路は，NOT と AND によって構成されます。真理値表を作成する場合は，中間信号である NOT の出力を書き出して考えます。タイミングチャートは作成した真理値表を参照して描きます。

解答

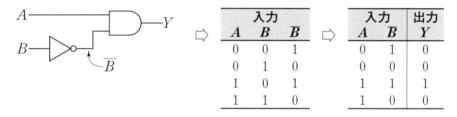

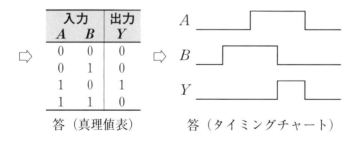

答（真理値表）　　　答（タイミングチャート）

1.5 基本論理回路(NOT, AND, OR)

例題 3

図(a)に示す論理回路について，真理値表(b)とタイミングチャート(c)を完成せよ。

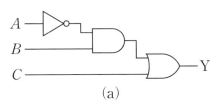

(a)

入力			出力
A	B	C	Y
0	0	0	
0	0	1	
0	1	0	
0	1	1	
1	0	0	
1	0	1	
1	1	0	
1	1	1	

(b)

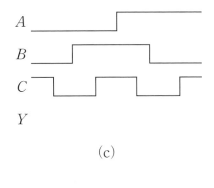

(c)

解き方

真理値表の作成の際に，入力 C が1のときは，入力 A, B の状態に関わらず出力は1となることを考えて記入します。

解答

入力			出力
A	B	C	Y
0	0	0	0
0	0	1	1
0	1	0	1
0	1	1	1
1	0	0	0
1	0	1	1
1	1	0	0
1	1	1	1

真理値表

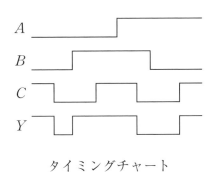

タイミングチャート

練習問題 5

1 図(a)に示す論理回路について，真理値表(b)とタイミングチャート(c)を完成せよ。

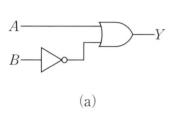

A	B	Y
0	0	
0	1	
1	0	
1	1	

(b)

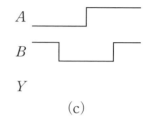

(a)　　　　　　　　　　　(c)

2 図(a)に示す論理回路について，真理値表(b)とタイミングチャート(c)を完成せよ。

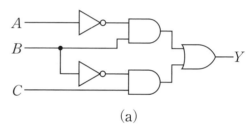

(a)

A	B	C	Y
0	0	0	
0	0	1	
0	1	0	
0	1	1	
1	0	0	
1	0	1	
1	1	0	
1	1	1	

(b)

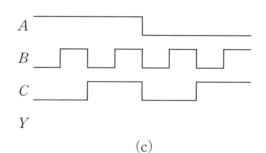

(c)

3 論理回路(1)～(4)に対応する論理式を(a)～(d)より選べ。

(a) $Y=\overline{A}+B$
(b) $Y=\overline{\overline{A}\cdot B}$
(c) $Y=\overline{A}\cdot\overline{B}$
(d) $Y=A\cdot B$

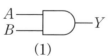
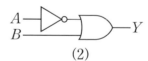

(1)　　　　　　　　　(2)

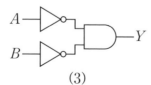
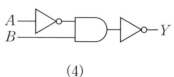

(3)　　　　　　　　　(4)

1.6 基本論理回路（NAND, NOR, EXOR）

キーワード

NAND　NOR　EXOR　EXNOR

ポイント

(1) NAND（ナンド）

NANDはANDの出力にNOTが付加された回路として働きます。すなわち入力の状態がすべて1のときのみ，出力を0とする論理回路です。

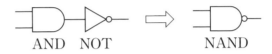

図1-15　NANDとは

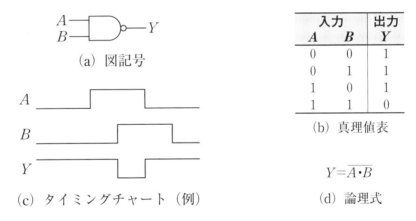

図1-16　NAND

(2) NOR（ノア）

NORは，ORの出力にNOTが付加された回路として働きます。すなわち入力の状態に一つでも1があれば，出力を0とする論理回路です。

図1-17　NORとは

35

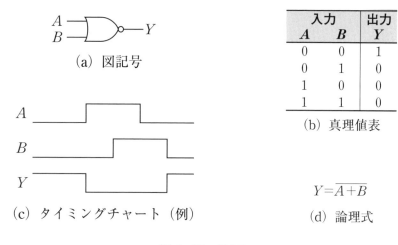

図1-18 NOR

(3) EXOR（イクスクルーシブオア）

　EXORは入力の状態が異なっているとき（一致していない場合），出力を1にする論理回路です。NANDやNORと同様に出力にNOTが付加されたEXNORもあります。

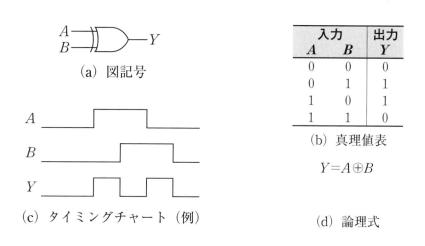

図1-19 EXOR

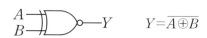

図1-20 EXNOR

1.6 基本論理回路（NAND, NOR, EXOR）

例題 1

図(a)に示す EXNOR について，真理値表(b)とタイミングチャート(c)を完成せよ。

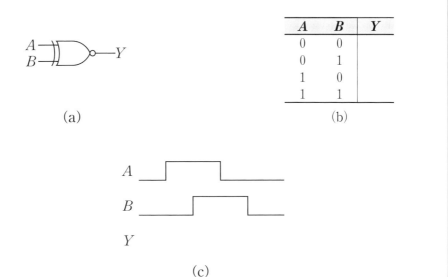

A	B	Y
0	0	
0	1	
1	0	
1	1	

(a) (b)

(c)

解き方

ポイント(3)で説明した EXOR の真理値表とタイミングチャートを参照し，EXOR の出力に NOT が付加されたものとして考えます。

解答

A	B	Y
0	0	1
0	1	0
1	0	0
1	1	1

例題 2

図(a)に示す論理回路について，真理値表(b)とタイミングチャート(c)を完成せよ。

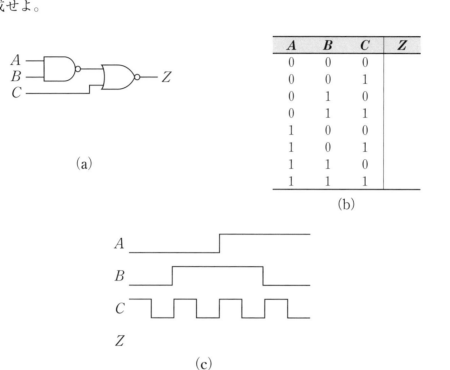

解き方

この回路は，NANDとNORによって構成されます。真理値表を作成する場合は，中間信号であるNANDの出力を書き出して考えます。タイミングチャートは作成した真理値表を参照して描きます。

解答

A	B	C	Z	$\overline{A \cdot B}$
0	0	0	0	1
0	0	1	0	1
0	1	0	0	1
0	1	1	0	1
1	0	0	0	1
1	0	1	0	1
1	1	0	1	0
1	1	1	0	0

(a)

(b)

例題 3

図(a)に示す論理回路について，真理値表(b)を完成せよ．

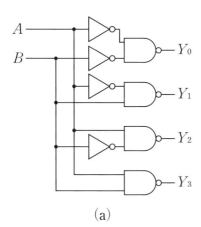

(a)

A	B	Y_0	Y_1	Y_2	Y_3
0	0				
0	1				
1	0				
1	1				

(b)

解き方

この回路は，A，Bの2入力，Y_0，Y_1，Y_2，Y_3の4出力の回路なので，一見複雑そうに見えるかもしれません．しかし，「入力A，B，出力Y_0」，「入力A，B，出力Y_1」，「入力A，B，出力Y_2」，「入力A，B，出力Y_3」の単純な四つの回路で構成されたものです．

解答

A	B	Y_0	Y_1	Y_2	Y_3
0	0	0	1	1	1
0	1	1	0	1	1
1	0	1	1	0	1
1	1	1	1	1	0

練習問題 6

1 図(a)に示す論理回路について，真理値表(b)とタイミングチャート(c)を完成せよ。

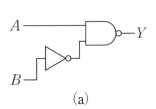

A	B	Y
0	0	
0	1	
1	0	
1	1	

(a)　　　(b)　　　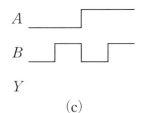　(c)

2 図(a)に示す論理回路について，真理値表(b)とタイミングチャート(c)を完成せよ。

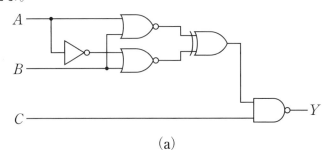

(a)

A	B	C	Y
0	0	0	
0	0	1	
0	1	0	
0	1	1	
1	0	0	
1	0	1	
1	1	0	
1	1	1	

(b)　　　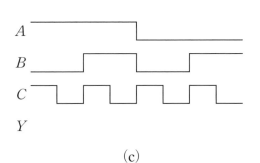　(c)

3 論理回路(1)〜(4)を論理式で示せ。

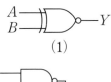　　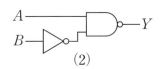

(1)　　　　　　(2)

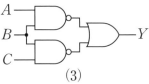　　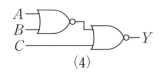

(3)　　　　　　(4)

2章

論理式の簡単化

　ディジタル回路は，0と1のデータを考えた論理演算を基本にして動作します。算術演算と異なり，論理演算では桁上がりなどの処理を行なわず，対応するビットについての処理だけが基本となります。したがって，算術演算よりも処理が簡単になることが大半です。また，ブール代数の諸定理などを適用すれば，論理式をより簡単に表現できることがあります。同じ機能を示す論理式がより簡単な形式で表せるということは，対応するディジタル回路も簡単化できることを意味します。

　本章では，ブール代数の諸定理や，それらを用いて論理式を簡単化する方法について説明します。また，論理式の簡単化を視覚的な作業で行えるベイチ図についても説明します。より簡単なディジタル回路を実現するため，論理式の簡単化手法についてしっかりと理解しましょう。

2.1 ブール代数の基礎

キーワード

論理式　簡単化　論理圧縮　ブール代数　真　偽　論理変数
ド・モルガンの定理

ポイント

(1) 論理式の簡単化

図に，2つの論理式（logical expression）とそれらに対応するディジタル回路を示します。これらの表示形式は異なっていまするように見えますが，論理的にはどちらも同じ動作をします（真理値表参照）。つまり，ある動作を示す論理式をより簡単に表現できれば，対応するディジタル回路もより簡単に構成することができます。論理式を簡単化（simplified）することを，論理圧縮（logical compression）ともいいます。

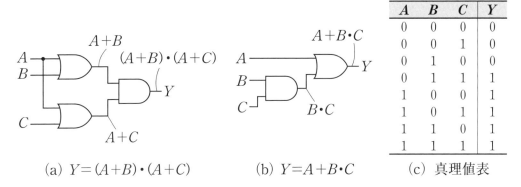

図 2-1　2つの論理式に対応するディジタル回路

(2) ブール代数の諸定理

ブール代数（Boolean algebra）は，ある命題が正しい（真：true）か正しくない（偽：false）かを数学的に解析するために考えられた論理学の理論です。ブール代数は，論理式の簡単化に応用することができます。表中で使用している A, B, C は，論理変数（logical variable）と呼ばれ，0または1の値をとります。ブール代数の諸定理が成り立つことは，両辺の真理値表が一致することなどで確認できます。

例として，吸収の法則を考えてみます。同じ動作をする回路が，1個のOR回路だけで構成できることがわかります。

表 2-1　ブール代数の諸定理

名称	公式	名称	公式
公理	$1+A=1$ $0 \cdot A=0$	結合の法則	$A+(B+C)=(A+B)+C$ $A \cdot (B \cdot C)=(A \cdot B) \cdot C$
恒等の法則	$0+A=A$ $1 \cdot A=A$	分配の法則	$A \cdot (B+C)=A \cdot B+A \cdot C$ $(A+B) \cdot (A+C)=A+B \cdot C$
同一の法則	$A+A=A$ $A \cdot A=A$	吸収の法則	$A \cdot (A+B)=A$ $A+A \cdot B=A$ $A+\overline{A} \cdot B=A+B$ $\overline{A}+A \cdot B=\overline{A}+B$
補元の法則	$A+\overline{A}=1$ $A \cdot \overline{A}=0$		
復元の法則	$\overline{\overline{A}}=A$	ド・モルガンの定理	$\overline{A \cdot B}=\overline{A}+\overline{B}$ $\overline{A+B}=\overline{A} \cdot \overline{B}$
交換の法則	$A+B=B+A$ $A \cdot B=B \cdot A$		

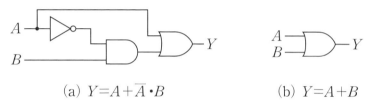

(a) $Y=A+\overline{A} \cdot B$　　　(b) $Y=A+B$

図 2-2　吸収の法則を用いた簡単化の例

(3) ド・モルガンの定理

ド・モルガンの定理（De Morgan's theorem）は，AND 回路と OR 回路を変換する定理だと考えることができます。AND 回路と OR 回路を交換し，入力と出力の論理を反転すれば，同じ働きをするディジタル回路が得られます。

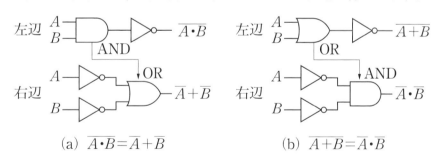

(a) $\overline{A \cdot B}=\overline{A}+\overline{B}$　　　(b) $\overline{A+B}=\overline{A} \cdot \overline{B}$

図 2-3　ド・モルガンの定理による変換

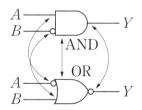

図 2-4　AND 回路と OR 回路の変換例

例題 1

次のブール代数の諸定理について，左辺を変形すると右辺と等しくなることを示せ。

(1) $(A+B) \cdot (A+C) = A + B \cdot C$（分配の法則）

(2) $A \cdot (A+B) = A$（吸収の法則）

解き方

論理式の左辺をブール代数の諸定理を用いて変形していき，右辺と同じになることを確認します。

(1) $(A+B) \cdot (A+C) = A + B \cdot C$ は，左辺を展開してカッコを外します。そして，同一の法則や分配の法則，公理，恒等の法則などを用いて変形していきます。すると，左辺が右辺と同じ $A + B \cdot C$ になることが確認できます。

(2) $A \cdot (A+B) = A$ についても，左辺を展開してカッコを外します。そして，同一の法則や分配の法則，公理などを用いて変形していきます。すると，左辺が右辺と同じ A になることが確認できます。

解答

(1) $(A+B) \cdot (A+C)$

$= A \cdot A + A \cdot C + B \cdot A + B \cdot C$ 　　分配の法則

$= A + A \cdot C + B \cdot A + B \cdot C$ 　　同一の法則

$= A \cdot (1 + C + B) + B \cdot C$ 　　分配の法則

$= A \cdot 1 + B \cdot C$ 　　公理

$= A + B \cdot C$ 　　恒等の法則

(2) $A \cdot (A+B)$

$= A \cdot A + A \cdot B$ 　　分配の法則

$= A + A \cdot B$ 　　同一の法則

$= A \cdot (1 + B)$ 　　分配の法則

$= A \cdot 1$ 　　公理

$= A$ 　　恒等の法則

2.1　ブール代数の基礎

例題 2

　次のド・モルガンの定理について，真理値表を用いて左辺と右辺が等しくなることを示せ。

(1)　$\overline{A \cdot B} = \overline{A} + \overline{B}$

(2)　$\overline{A + B} = \overline{A} \cdot \overline{B}$

2章 論理式の簡単化

解き方

(1)　左辺の論理変数 A，B について，0 と 1 の全ての組合せ（4 通り）の真理値表を作って，その際の $\overline{A \cdot B}$ の値を書き出します。右辺についても，論理変数 A，B について，0 と 1 の全ての組合せの真理値表を作って，その際の $\overline{A} \cdot \overline{B}$ の値を書き出します。そして，両方の真理値表の値が一致すれば，左辺と右辺は等しいといえます。(2)についても同様に真理値表を作成して，左辺と右辺が等しいことを示します。

解答

(1)　左辺

A	B	$A \cdot B$	$\overline{A \cdot B}$
0	0	0	1
0	1	0	1
1	0	0	1
1	1	1	0

右辺

A	B	$\overline{A}$	$\overline{B}$	$\overline{A} + \overline{B}$
0	0	1	1	1
0	1	1	0	1
1	0	0	1	1
1	1	0	0	0

等しい

(2)　左辺

A	B	$A + B$	$\overline{A + B}$
0	0	0	1
0	1	1	0
1	0	1	0
1	1	1	0

右辺

A	B	$\overline{A}$	$\overline{B}$	$\overline{A} \cdot \overline{B}$
0	0	1	1	1
0	1	1	0	0
1	0	0	1	0
1	1	0	0	0

等しい

45

例題 3

次のディジタル回路を指定された形式に変形せよ。
(1) AND 回路と NOT 回路だけを用いた形式
(2) OR 回路と NOT 回路だけを用いた形式

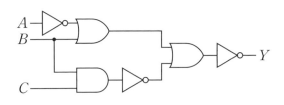

解き方

ド・モルガンの定理を応用する問題です。OR 回路と AND 回路を交換し，入力と出力の論理を反転すれば，同じ働きをするディジタル回路が得られます。

解答

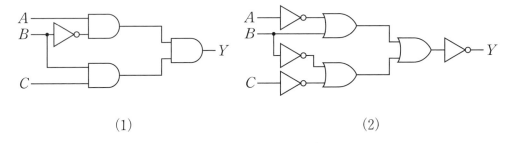

     (1)   (2)

練習問題 7

1 次のディジタル回路の真理値表を作成せよ。

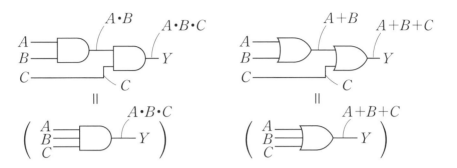

(1) 3 入力 AND 回路　　(2) 3 入力 OR 回路

2 次のディジタル回路について答えよ。
(1) ディジタル回路に対応する論理式を答えよ。
(2) 得られた論理式をブール代数の諸定理を用いて簡単化せよ。
(3) 簡単化した論理式に対応するディジタル回路を描け。

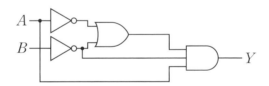

3 次のディジタル回路の真理値表を作成し，どのような回路として動作するか答えよ。

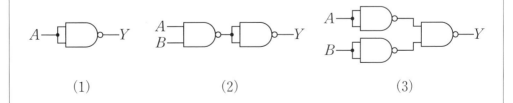

(1)　　　　　　(2)　　　　　　　　(3)

2章 論理式の簡単化
2.2 論理式の求め方

キーワード

論理積　論理式　論理和　積和形　論理変数　加法標準形　乗法標準形
真理値表　論理否定　論理肯定

ポイント

(1) 加法標準形

論理積（AND, logical multiply）の論理式の項を論理和（OR, logical sum）で結合した論理式を積和形（sum‐of‐product form）といいます。

　積和形の例　$Y = \overline{A} \cdot B + \overline{A} \cdot C + A \cdot B \cdot C$

全ての項に，全ての論理変数が含まれている積和形の論理式を加法標準形（disjunctive canonical form）といいます。上に示した積和形は，3種類の論理変数A, B, Cを使用していますが，右辺第1項にはC，第2項にはBが含まれていませんので，加法標準形ではありません。一方，次の積和形は，全ての項にA, B, Cが含まれていますので，加法標準形といいます。

　加法標準形の例　$Y = \overline{A} \cdot B \cdot C + \overline{A} \cdot \overline{B} \cdot C + A \cdot B \cdot C$

加法標準形でない積和形は，例えば，ブール代数の諸定理にある補元の法則（$A + \overline{A} = 1$）を用いて，加法標準形に変形できます。

$$Y = \overline{A} \cdot B + \overline{A} \cdot C + A \cdot B \cdot C$$
$$= \overline{A} \cdot B \cdot (C + \overline{C}) + \overline{A} \cdot (B + \overline{B}) \cdot C + A \cdot B \cdot C$$
$$= \overline{A} \cdot B \cdot C + \overline{A} \cdot B \cdot \overline{C} + \overline{A} \cdot B \cdot C + \overline{A} \cdot \overline{B} \cdot C + A \cdot B \cdot C$$

(2) 乗法標準形

論理和（OR）の項を論理積（AND）で結合した論理式であり，かつ全ての項に，全ての論理変数が含まれている論理式を乗法標準形（conjunctive canonical form）といいます

　乗法標準形の例　$Y = (A \cdot \overline{B} \cdot C) \cdot (\overline{A} \cdot B \cdot C) \cdot (A \cdot B \cdot C)$

(3) 加法標準形の求め方

次の真理値表を例にして，真理値表から加法標準形の論理式を求める手順を示します。

　① 出力Yが1になっている行に着目します。

　この例では，2行目，4行目，8行目です。

2.2 論理式の求め方

② 着目した行において，入力の論理変数(A, B, C)が，0なら論理否定（logical negation）としてNOT（バーを付ける），1なら論理肯定（logical affirmation）としてそのまま使用し，論理積（AND）で結合します。

　　この例の2行目では$\overline{A}\cdot\overline{B}\cdot C$，4行目では$\overline{A}\cdot B\cdot C$，8行目では$A\cdot B\cdot C$，得られます。

③ 得られた論理積の項を論理和（OR）で結合します。

　　この例では，$Y=\overline{A}\cdot\overline{B}\cdot C+\overline{A}\cdot B\cdot C+A\cdot B\cdot C$が得られた加法標準形の論理式です。

真理値表

	A	B	C	Y	論理積（AND）
	0	0	0	0	
2行目→	0	0	1	①	$\overline{A}\cdot\overline{B}\cdot C$
	0	1	0	0	
4行目→	0	1	1	①	$\overline{A}\cdot B\cdot C$
	1	0	0	0	
	1	0	1	0	
	1	1	0	0	
8行目→	1	1	1	①	$A\cdot B\cdot C$

加法標準形
$Y=\overline{A}\cdot\overline{B}\cdot C+\overline{A}\cdot B\cdot C+A\cdot B\cdot C$

(4) 乗法標準形の求め方

真理値表から乗法標準形の論理式を求める手順を示します。

① 出力Yが0になっている行に着目します。

② 着目した行において，入力の論理変数(A, B, C)が，0なら論理肯定としてそのまま使用し，1なら論理否定としてNOT（バーを付ける）し，論理和（OR）で結合します。

③ 得られた論理和の項を論理積（AND）で結合します。

A	B	C	Y	論理和（OR）
0	0	0	⓪	$A+B+C$
0	0	1	1	
0	1	0	⓪	$A+\overline{B}+C$
0	1	1	1	
1	0	0	⓪	$\overline{A}+B+C$
1	0	1	1	
1	1	0	1	
1	1	1	1	

$Y=(A+B+C)\cdot(A+\overline{B}+C)\cdot(\overline{A}+B+C)$

49

例題 1

次の積和形の論理式について，加法標準形であるものを答えよ。また。加法標準形でない論理式は，加法標準形に変形せよ。

(1) $Y = A \cdot B + \overline{A} \cdot B$

(2) $Y = A \cdot \overline{B} + A$

(3) $Y = A \cdot B \cdot C + A \cdot \overline{B} + \overline{A} \cdot B \cdot \overline{C}$

(4) $Y = \overline{A} \cdot B \cdot C + A \cdot \overline{B} \cdot \overline{C}$

(5) $Y = A \cdot \overline{B} \cdot C + C$

解き方

加法標準形とは，全ての項に，全ての論理変数が含まれている積和形の論理式です。加法標準形でない積和形の論理式は，ブール代数の諸定理にある補元の法則 ($A + \overline{A} = 1$) を用いることで，加法標準形に変形できます。また，必要に応じて同一に法則を用いて，より簡単な加法標準形にします。

解答

・加法標準形の論理式は，(1)と(4)

・加法標準形への変形

(2) $Y = A \cdot \overline{B} + A \cdot (B + \overline{B})$

$\qquad = A \cdot \overline{B} + A \cdot B + A \cdot \overline{B}$ 　　　同一の法則

$\qquad = A \cdot \overline{B} + A \cdot B$

(3) $Y = A \cdot B \cdot C + A \cdot \overline{B} \cdot (C + \overline{C}) + \overline{A} \cdot B \cdot \overline{C}$

$\qquad = A \cdot B \cdot C + A \cdot \overline{B} \cdot C + A \cdot \overline{B} \cdot \overline{C} + \overline{A} \cdot B \cdot \overline{C}$

(5) $Y = A \cdot \overline{B} \cdot C + (A + \overline{A}) \cdot (B + \overline{B}) \cdot C$

$\qquad = A \cdot \overline{B} \cdot C + (A \cdot B + A \cdot \overline{B} + \overline{A} \cdot B + \overline{A} \cdot \overline{B}) \cdot C$

$\qquad = A \cdot \overline{B} \cdot C + A \cdot B \cdot C + A \cdot \overline{B} \cdot C + \overline{A} \cdot B \cdot C + \overline{A} \cdot \overline{B} \cdot C$ 　　　同一の法則

$\qquad = A \cdot \overline{B} \cdot C + A \cdot B \cdot C + \overline{A} \cdot B \cdot C + \overline{A} \cdot \overline{B} \cdot C$

2.2 論理式の求め方

例題 2

　次の真理値表に対応する加法標準形の論理式を答えよ。また，得られた論理式に対応するディジタル回路を描け。

A	B	C	Y
0	0	0	0
0	0	1	0
0	1	0	1
0	1	1	1
1	0	0	1
1	0	1	0
1	1	0	0
1	1	1	0

解き方

　加法標準形を求めるには，真理値表の出力Yが1になっている行において，入力の論理変数（A, B, C）が，0なら論理否定，1なら論理肯定として，論理積（AND）で結合します。そして，得られた論理積の項を論理和（OR）で結合します。

　得られた論理式は，簡単化できる可能性がありますが，ここではそのままの形式でディジタル回路を描きます。ディジタル回路を描く際は，入力変数A, B, Cの論理肯定と論理否定（NOT回路）を用意してから配線すると，無駄なNOT回路を重複して使用することが防げます。

解答

A	B	C	Y	論理積
0	0	0	0	
0	0	1	0	
0	1	0	①	$\overline{A}\cdot B\cdot\overline{C}$
0	1	1	①	$\overline{A}\cdot B\cdot C$
1	0	0	①	$A\cdot\overline{B}\cdot\overline{C}$
1	0	1	0	
1	1	0	0	
1	1	1	0	

$Y=\overline{A}\cdot B\cdot\overline{C}+\overline{A}\cdot B\cdot C+A\cdot\overline{B}\cdot\overline{C}$

51

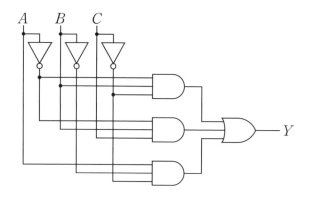

例題 3

次の真理値表に対応する乗法標準形の論理式を答えよ。また，得られた論理式に対応するディジタル回路を描け。

A	B	C	Y
0	0	0	1
0	0	1	0
0	1	0	1
0	1	1	1
1	0	0	0
1	0	1	1
1	1	0	0
1	1	1	1

解き方

加法標準形を求めるには，真理値表の出力Yが0になっている行において，入力の論理変数（A, B, C）が，0なら論理肯定，1なら論理否定として，論理和（OR）で結合します。そして，得られた論理和の項を論理積（AND）で結合します。

得られた論理式は，簡単化できる可能性がありますが，ここではそのままの形式でディジタル回路を描きます。ディジタル回路を描く際は，入力変数A, B, Cの論理肯定と論理否定（NOT回路）を用意してから配線すると，無駄なNOT回路を重複して使用することが防げます。

[解答]

A	B	C	Y	論理積
0	0	0	1	
0	0	1	⓪	$A+B+\overline{C}$
0	1	0	1	
0	1	1	1	
1	0	0	⓪	$\overline{A}+B+C$
1	0	1	1	
1	1	0	⓪	$\overline{A}+\overline{B}+C$
1	1	1	1	

$Y = (A+B+\overline{C}) \cdot (\overline{A}+B+C) \cdot (\overline{A}+\overline{B}+C)$

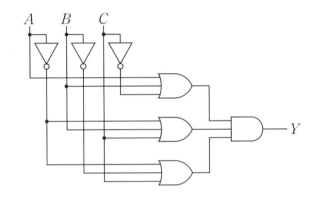

練習問題 8

1 次に示す真理値表を，論理式と対応するように完成せよ。

A	B	C	Y
0	0	0	(b)
0	0	1	(c)
0	1	0	0
0	1	(a)	1
1	0	0	(d)
1	0	1	0
1	1	0	(e)
1	1	1	(f)

$Y = A \cdot \overline{B} \cdot \overline{C} + \overline{A} \cdot B \cdot \overline{C} + \overline{A} \cdot \overline{B} \cdot C + A \cdot B \cdot \overline{C}$

2 次のディジタル回路に対応する真理値表を完成せよ。また，得られた真理値表から，加法標準形の論理式を導出せよ。

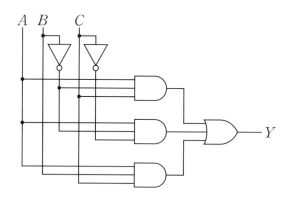

3 次の加法標準形の論理式について(1)〜(2)に答えよ。

$Y = A \cdot \overline{B} \cdot C + A \cdot \overline{B} \cdot \overline{C} + \overline{A} \cdot \overline{B} \cdot C + A \cdot B \cdot C$

(1) 論理式に対応する真理値表を書け。
(2) 得られた真理値表から，乗法標準形の論理式を導出せよ。

2.3 ベイチ図の基礎

キーワード

ベイチ図　論理式　簡単化　論理変数　論理積　加法標準形

ポイント

(1) ベイチ図とは

ベイチ図（Veitch map）を用いると，論理式の簡単化が視覚的に行えます。2種類の論理変数（A, B）に対応するベイチ図では，4個の領域が論理変数を組合せた論理積（AND）に対応しています。また，これらの領域は，真理値表から加法標準形の論理式を求める際に考えた論理積とも対応しています。

	$\overline{B}$	B
$\overline{A}$	$\overline{A}\cdot\overline{B}$	$\overline{A}\cdot B$
A	$A\cdot\overline{B}$	$A\cdot B$

A	B	論理積
0	0	$\overline{A}\cdot\overline{B}$
0	1	$\overline{A}\cdot B$
1	0	$A\cdot\overline{B}$
1	1	$A\cdot B$

(1) ベイチ図の領域　　(2) 真理値表との対応

図 2-5　ベイチ図（論理変数 A, B）

このベイチ図では，縦か横に隣り合った2個の領域に「1」を記入して指定することで，各論理変数の論理肯定または，論理否定を表します。

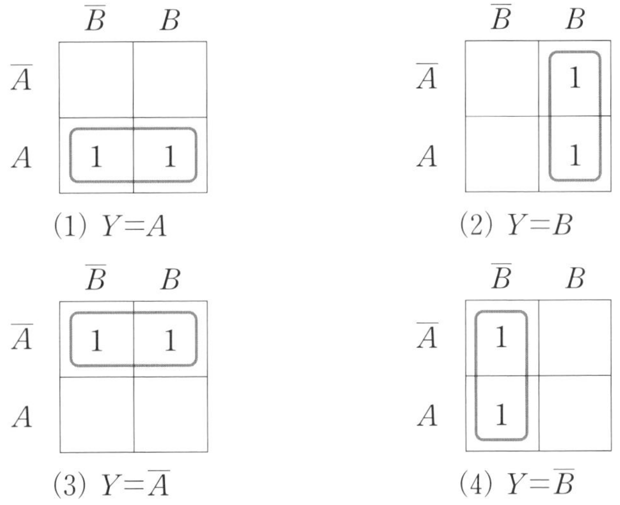

(1) $Y=A$　　(2) $Y=B$

(3) $Y=\overline{A}$　　(4) $Y=\overline{B}$

図 2-6　論理変数の論理肯定と論理否定を表す領域

(2) ベイチ図の読み方

ベイチ図は,「1」が記入されている領域を読み取ることで,対応する論理式を得ることができます。

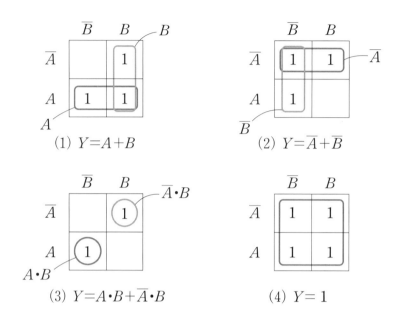

図2-7 ベイチ図の読み取り例

上図(1)(2)は,縦か横に隣り合った領域なので,2個の「1」をそれぞれループ（線）で囲んでいます。図(3)は,2個の「1」がありますが,斜めになっている領域なので,同じループで囲めません。図(4)のように,全ての領域が「1」の場合は,得られる論理式の値も「1」になります。

(3) ベイチ図による論理式の簡単化

前節で学んだように,真理値表からは加法標準形の論理式を求めることができます。一方,真理値表の出力「1」に対応する,ベイチ図の領域にも「1」を記入し,ベイチ図を読み取れば論理式が得られます。2つの論理式は,同じ動作を表していますが,ベイチ図を用いた方が簡単な論理式になっています。

A	B	Y	論理積
0	0	①	$\overline{A}\cdot\overline{B}$
0	1	①	$\overline{A}\cdot B$
1	0	①	$A\cdot\overline{B}$
1	1	0	

$Y=\overline{A}\cdot\overline{B}+\overline{A}\cdot B+A\cdot\overline{B}$

(1) 加法標準形の論理式を求める

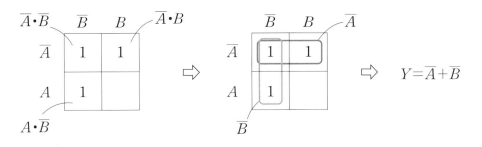

(2) ベイチ図から論理式を求める

図2-8　ベイチ図による簡単化の例

> **例題 1**
>
> 次の論理式に対応するベイチ図の領域を答えよ。
>
> (1) $Y = A \cdot B$
>
> (2) $Y = \overline{A} \cdot \overline{B}$
>
> (3) $Y = A \cdot \overline{B}$
>
> (4) $Y = \overline{A} \cdot B$
>
> (5) $Y = \overline{A} \cdot B + A \cdot \overline{B}$
>
> (6) $Y = \overline{A} \cdot \overline{B} + A \cdot B + \overline{A} \cdot B$
>
> (7) $Y = 1$

	$\overline{B}$	B
$\overline{A}$	①	②
A	③	④

解き方

(1)〜(6)は，右辺の論理変数が 2 種類である論理積または，積和形の論理式です。したがって，これらの論理式は，2×2 領域のベイチ図を用いて表すことができます。(7)は，論理変数 Y の値がいつも「1」であることを示していますので，ベイチ図の 4 領域すべてを合わせた領域に対応します。

解答

(1) ④

(2) ①

(3) ③

(4) ②

(5) ②，③を合わせた領域

(6) ①，②，④を合わせた領域

(7) ①，②，③，④を合わせた全ての領域

	$\overline{B}$	B
$\overline{A}$	$\overline{A} \cdot \overline{B}$	$\overline{A} \cdot B$
A	$A \cdot \overline{B}$	$A \cdot B$

58

例題 2

次のベイチ図が示す論理式 Y を簡単な形式で答えよ。

	$\overline{B}$	B
$\overline{A}$	1	
A		

(1)

	$\overline{B}$	B
$\overline{A}$		1
A	1	1

(2)

	$\overline{B}$	B
$\overline{A}$	1	
A	1	1

(3)

	$\overline{B}$	B
$\overline{A}$		1
A	1	

(4)

解き方

2種類の論理変数用ベイチ図を読み取る問題です。(2)は，3個の「1」を個別に読み取れば，3項から成る論理式が得られますが，縦，横に隣接する「1」をそれぞれまとめてループで囲んでから読み取ると，より簡単な論理式が得られます。(4)は，2個の「1」がありますが，斜めの領域なので，ループで囲めません。したがって，個別の1として読み取り，論理和（OR）で結合します。この論理式は，排他的論理和（EXOR）です。つまり，排他的論理和は，これ以上に簡単化できないことがわかります。

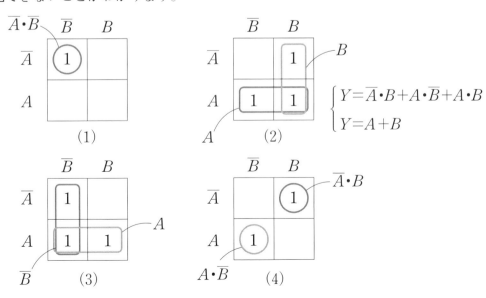

解答
(1) $Y=\overline{A}\cdot\overline{B}$
(2) $Y=A+B$
(3) $Y=A+\overline{B}$
(4) $Y=\overline{A}\cdot B+A\cdot\overline{B}$

> 例題 3
> 次の真理値表に対応するベイチ図を描きなさい。また，ベイチ図を読み取って，対応するできるだけ簡単な形式の論理式を答えよ。
>
> (1)
>
> | A | B | Y |
> |---|---|---|
> | 0 | 0 | 0 |
> | 0 | 1 | 0 |
> | 1 | 0 | 1 |
> | 1 | 1 | 1 |
>
> (2)
>
> | A | B | Y |
> |---|---|---|
> | 0 | 0 | 1 |
> | 0 | 1 | 0 |
> | 1 | 0 | 0 |
> | 1 | 1 | 1 |

解き方

真理値表の出力Yが「1」になっている箇所と対応するベイチ図の領域にも「1」を記入すれば，ベイチ図が描けます。描いたベイチ図において，縦か横に「1」が並んでいれば2個の「1」をループで囲んで読み取ります。そうすれば，1個の「1」をそれぞれ読み取る場合よりも簡単な形式の論理式が得られます。ただし，斜めの領域にある2個の「1」は，まとめてループで囲めませんので注意しましょう。

解答

(1) 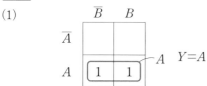 $Y=A$

(2)

	$\overline{B}$	B
$\overline{A}$	①	
A		①

$Y=\overline{A}\cdot\overline{B}+A\cdot B$

練習問題 9

1 次に示す論理式を，ベイチ図を用いて簡単化しなさい。もし，簡単化できない場合は，「簡単化できない」と答えよ。

(1) $Y = A \cdot B + \overline{B} \cdot A$

(2) $Y = \overline{A} \cdot B + A \cdot \overline{B}$

(3) $Y = \overline{A} \cdot B + A \cdot \overline{B} + \overline{A} \cdot \overline{B} + A \cdot B$

2 次に示す論理式を加法標準形に変形してから，対応するベイチ図を描きなさい。また，ベイチ図を読み取って，対応するできるだけ簡単な形式の論理式を答えよ。

(1) $Y = A + A \cdot \overline{B}$

(2) $Y = A + B + \overline{A} \cdot B$

3 次の2つのベイチ図が示す領域を論理演算した場合のベイチ図を答えなさい。

	$\overline{B}$	B
$\overline{A}$	1	
A		1

	$\overline{B}$	B
$\overline{A}$	1	1
A		

(1) 論理和（OR）

(2) 論理積（AND）

(3) 排他的論理和（EXOR）

2章 論理式の簡単化
2.4 ベイチ図の活用(3種類の論理変数)

キーワード

ベイチ図　論理変数　論理式　論理積　論理肯定　論理否定　加法標準形

ポイント

(1) 3種類の論理変数用ベイチ図

3種類の論理変数（A, B, C）に対応するベイチ図では，8個の領域が論理変数を組合せた論理積（AND）に対応しています。また，これらの領域は，真理値表から加法標準形の論理式を求める際に考えた論理積とも対応しています。

A	B	C	論理積
0	0	0	$\overline{A}\cdot\overline{B}\cdot\overline{C}$
0	0	1	$\overline{A}\cdot\overline{B}\cdot C$
0	1	0	$\overline{A}\cdot B\cdot\overline{C}$
0	1	1	$\overline{A}\cdot B\cdot C$
1	0	0	$A\cdot\overline{B}\cdot\overline{C}$
1	0	1	$A\cdot\overline{B}\cdot C$
1	1	0	$A\cdot B\cdot\overline{C}$
1	1	1	$A\cdot B\cdot C$

(1) ベイチ図の領域　　　(2) 真理値表との対応

図 2-9　ベイチ図（論理変数 A, B, C）

各論理変数の論理肯定または，論理否定を示す領域は，図のようになります。

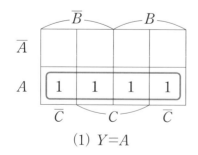
(1) $Y=A$

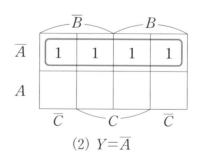
(2) $Y=\overline{A}$

2.4 ベイチ図の活用（3種類の論理変数）

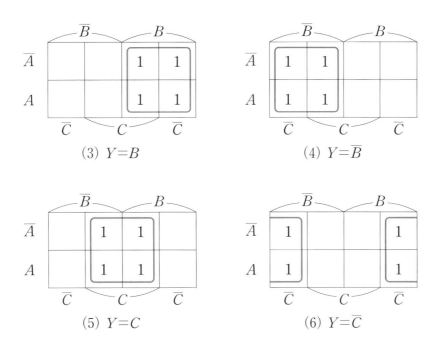

図2-10　論理変数の論理肯定と論理否定を表す領域

$\overline{C}$の領域については，ベイチ図の左右に分かれていることに注意してください。ベイチ図が筒状になっており，左右の端の領域は繋がっていると考えます。

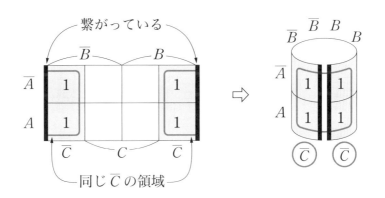

図2-11　$\overline{C}$の4領域

(2) ベイチ図の読み方

3種類の論理変数用ベイチ図についても，「1」が記入されている領域を読み取ることで，対応する論理式を得ることができます。

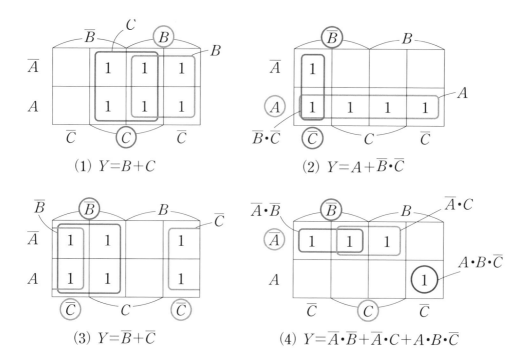

図2-12 ベイチ図の読み取り例

　上図(1)は，BとCの領域を示す各4個の「1」をそれぞれループで囲んでいます。3種類の論理変数用ベイチ図において，1つのループで囲める「1」の数は，1個，2個，4個，8個のいずれかです。6個の「1」をまとめて1つのループで囲むことはできません。図(2)は，左端縦にある2個の「1」をループで囲んでいます。このループは，$\overline{B}$と$\overline{C}$の重なった領域なので，$\overline{B}\cdot\overline{C}$と読み取ります。図(3)は，ベイチ図の左右端の$\overline{C}$領域が繋がっていることに注意して読み取ります。図(4)は，上段横に3個の「1」が連続していますが，各2個の「1」をそれぞれループで囲んで，$\overline{A}$，$\overline{B}$として読み取ります。3個の「1」を1つのループで囲むことはできません。

2.4 ベイチ図の活用（3種類の論理変数）

次のベイチ図が示す論理式Yを簡単な形式で答えよ。

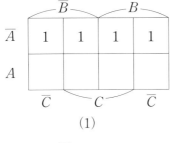

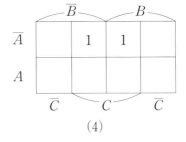

解き方

3種類の論理変数用ベイチ図を読み取る問題です。(2)は，$\overline{C}$ の領域がベイチ図の左右に分かれていることに注意して読み取ります。左右の「1」を2個ずつにして2つのループで囲んでしまうと，$Y = B \cdot \overline{C} + \overline{B} \cdot \overline{C}$ と読んでしまいます。ベイチ図では，できるだけ多くの「1」を同じループで囲むことで，より簡単な論理式が得られます。(3)は，A と $\overline{B}$ が重なった領域として読み取ります。(4)は，$\overline{A}$ と C が重なった領域として読み取ります。

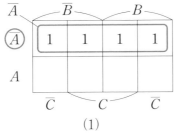

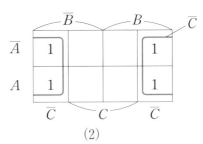

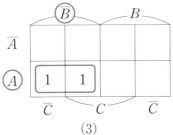

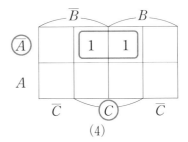

解答
(1) $Y = \overline{A}$
(2) $Y = \overline{C}$
(3) $Y = A \cdot \overline{B}$
(4) $Y = \overline{A} \cdot C$

例題 2

次のベイチ図が示す論理式Yを簡単な形式で答えよ。

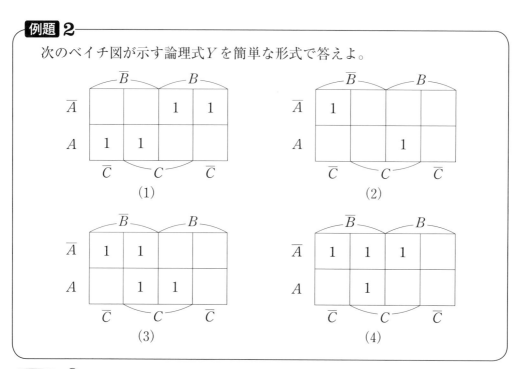

解き方

例題1に比べれば，ベイチ図の読み取りに少々工夫が必要な問題です。複数の「1」をループでどのように囲むかによって，得られる論理式の形式が変わります。できるだけ簡単な論理式が得られる囲み方を考えましょう。(2)は，2個の「1」が縦か横に隣接していないため，同じループで囲むことはできません。(4)は，4個の「1」を3組みのペアにして3個のループで囲むことで，簡単な論理式が得られます。

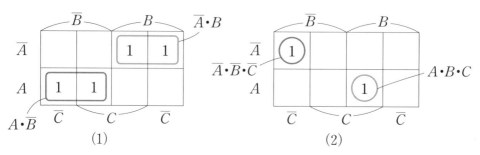

66

2.4 ベイチ図の活用（3種類の論理変数）

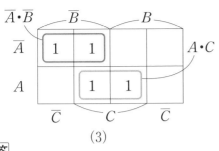

(3)

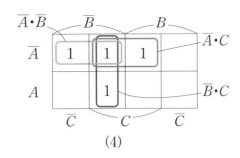

(4)

[解答]

(1) $Y = A \cdot \overline{B} + \overline{A} \cdot B$

(2) $Y = A \cdot B \cdot C + \overline{A} \cdot \overline{B} \cdot \overline{C}$

(3) $Y = \overline{A} \cdot \overline{B} + A \cdot C$

(4) $Y = \overline{A} \cdot \overline{B} + \overline{A} \cdot C + \overline{B} \cdot C$

例題 3

次の論理式に対応するベイチ図を描け。また，ベイチ図を読み取って，対応するできるだけ簡単な形式の論理式を答えよ。

(1) $Y = A \cdot \overline{B} \cdot C + A \cdot B \cdot \overline{C} + \overline{A} \cdot \overline{B} \cdot C + A \cdot \overline{B} \cdot \overline{C}$

(2) $Y = A \cdot \overline{B} + A \cdot B \cdot \overline{C}$

(3) $Y = \overline{B} \cdot C + \overline{A} \cdot \overline{B} \cdot C + A \cdot B \cdot C$

(4) $Y = \overline{A} \cdot B + \overline{A} \cdot B \cdot \overline{C} + \overline{C}$

解き方

(1)〜(4)は，3種類の論理変数が積和形になっている論理式です。したがって，いずれの論理式も縦2×横4，合計8領域のベイチ図を用いて表すことができます。ベイチ図を読み取った結果が，元の論理式よりも簡単な形式であれば，論理式の簡単化ができたことになります。

解答

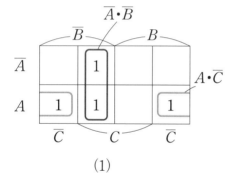

(1)

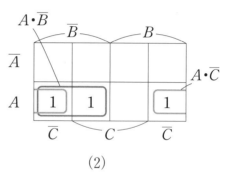

(2)

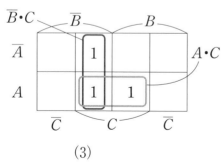

(3)

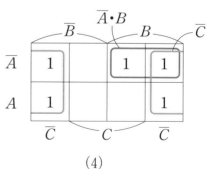

(4)

(1) $Y = \overline{A} \cdot \overline{B} + A \cdot \overline{C}$

(2) $Y = A \cdot \overline{B} + A \cdot \overline{C}$

(3) $Y = A \cdot C + \overline{B} \cdot C$

(4) $Y = \overline{A} \cdot B + \overline{C}$

練習問題 10

1 次に示す論理式を，ベイチ図を用いて簡単化せよ。もし，簡単化できない場合は，「簡単化できない」と答えよ。

(1) $Y = \overline{A} \cdot \overline{B} \cdot \overline{C} + \overline{A} \cdot B \cdot C$

(2) $Y = \overline{A} \cdot B \cdot C + A \cdot \overline{B} + A \cdot C$

2 次の真理値表について，答えなさい。

A	B	C	Y
0	0	0	0
0	0	1	1
0	1	0	1
0	1	1	0
1	0	0	1
1	0	1	1
1	1	0	0
1	1	1	1

(1) 対応する加法標準形の論理式を求めよ。

(2) 対応するベイチ図を描け。

(3) ベイチ図を読み取って，できるだけ簡単な形式の論理式を求めよ。

3 次のベイチ図と対応する真理値表を答えよ。

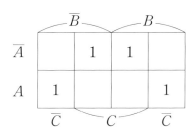

2章 論理式の簡単化
2.5 ベイチ図の活用（4種類の論理変数）

キーワード

ベイチ図　論理変数　論理式　論理積　論理肯定　論理否定　加法標準形

ポイント

(1) 4種類の論理変数用ベイチ図

3種類の論理変数（A, B, C）に対応するベイチ図では，16個の領域が論理変数を組合せた論理積（AND）に対応しています。また，これらの領域は，真理値表から加法標準形の論理式を求める際に考えた論理積とも対応しています。

A	B	C	D	論理和
0	0	0	0	$\overline{A}\cdot\overline{B}\cdot\overline{C}\cdot\overline{D}$
0	0	0	1	$\overline{A}\cdot\overline{B}\cdot\overline{C}\cdot D$
0	0	1	0	$\overline{A}\cdot\overline{B}\cdot C\cdot\overline{D}$
0	0	1	1	$\overline{A}\cdot\overline{B}\cdot C\cdot D$
0	1	0	0	$\overline{A}\cdot B\cdot\overline{C}\cdot\overline{D}$
0	1	0	1	$\overline{A}\cdot B\cdot\overline{C}\cdot D$
0	1	1	0	$\overline{A}\cdot B\cdot C\cdot\overline{D}$
0	1	1	1	$\overline{A}\cdot B\cdot C\cdot D$
1	0	0	0	$A\cdot\overline{B}\cdot\overline{C}\cdot\overline{D}$
1	0	0	1	$A\cdot\overline{B}\cdot\overline{C}\cdot D$
1	0	1	0	$A\cdot\overline{B}\cdot C\cdot\overline{D}$
1	0	1	1	$A\cdot\overline{B}\cdot C\cdot D$
1	1	0	0	$A\cdot B\cdot\overline{C}\cdot\overline{D}$
1	1	0	1	$A\cdot B\cdot\overline{C}\cdot D$
1	1	1	0	$A\cdot B\cdot C\cdot\overline{D}$
1	1	1	1	$A\cdot B\cdot C\cdot D$

(1) ベイチ図の領域　　(2) 真理値表との対応

図2-13　ベイチ図（論理変数 A, B, C, D）

各論理変数の論理肯定または，論理否定を示す領域は，図のようになります。

2.5 ベイチ図の活用（4種類の論理変数）

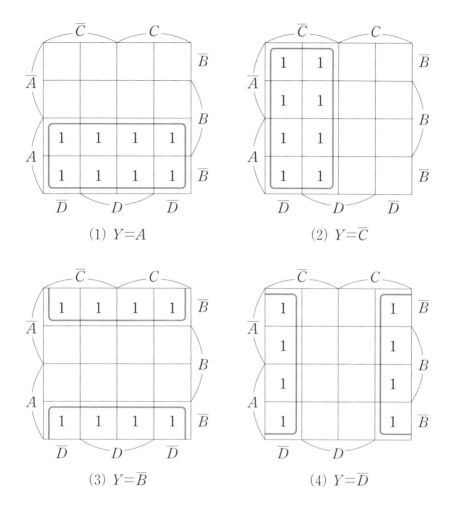

図 2-14　論理変数の論理肯定と論理否定を表す領域の例

　$\overline{B}$ の領域はベイチ図の上下，$\overline{D}$ の領域はベイチ図の左右を合わせることに注意してください。ベイチ図が筒状になっており，上下及び，左右の端の領域は繋がっていると考えます（前節参照）。2つの筒を合わせるとベイチ図は，ドーナツ状になっていると考えられます。

(2) ベイチ図の読み方

　4種類の論理変数用ベイチ図についても，「1」が記入されている領域を読み取ることで，対応する論理式を得ることができます。

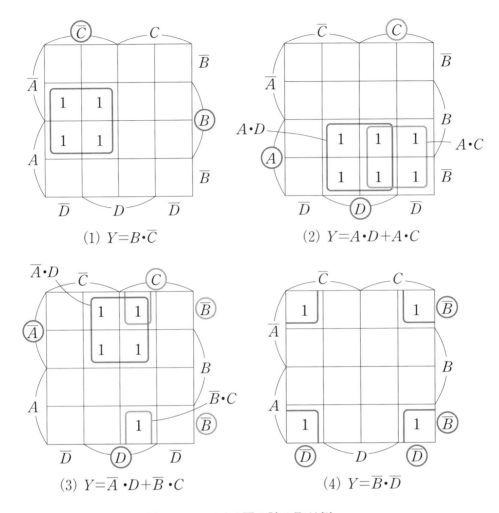

図 2-15 ベイチ図の読み取り例

　上図(1)のループがあるのは，B と $\overline{C}$ の重なった領域なので，$B \cdot \overline{C}$ と読み取ります。図(2)は，6個の「1」が隣接していますが，各4個の「1」をそれぞれループで囲んで，$A \cdot D$，及び $A \cdot C$ として読み取ります。4種類の論理変数用ベイチ図において，1つのループで囲める「1」の数は，1個，2個，4個，8個，16個のいずれかです。6個の「1」をまとめて1つのループで囲むことはできません。図(3)は，下の $A \cdot \overline{B} \cdot C \cdot D$ の領域にある「1」を単独で読み取らずに，上の $\overline{A} \cdot \overline{B} \cdot C \cdot \overline{D}$ の領域にある「1」と合わせてループで囲むことで，$\overline{B} \cdot C$ と読み取れます。ベイチ図の左右端の $\overline{C}$ 領域が繋がっていることに注意して読み取ります。図(4)の4個の「1」は，$\overline{B}$ と $\overline{D}$ が重なった領域にあることに注意して読み取ります。

2.5 ベイチ図の活用（4種類の論理変数）

例題 1

次のベイチ図が示す論理式 Y を簡単な形式で答えよ。

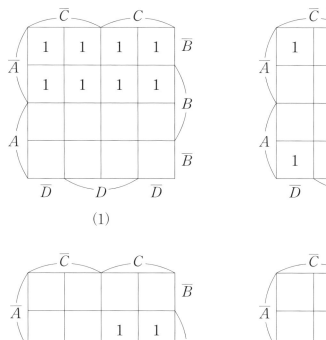
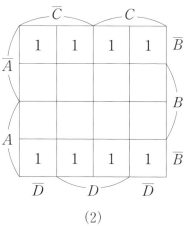

(1)　　　　　　　　　　　(2)

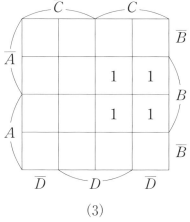
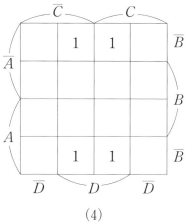

(3)　　　　　　　　　　　(4)

解き方

4種類の論理変数用ベイチ図を読み取る問題です。(2)は，B の領域がベイチ図の上下に分かれていることに注意して読み取ります。上下の「1」を4個ずつにして2つのループで囲んでしまうと，$Y=\overline{A}\cdot\overline{B}+A\cdot\overline{B}$ と読んでしまいます。ベイチ図では，できるだけ多くの「1」を同じループで囲むことで，より簡単な論理式が得られます。(3)は，B と C が重なった領域として読み取ります。(4)は，$\overline{B}$ と D が重なった領域として読み取ります。

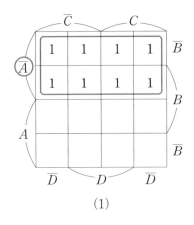
(1)

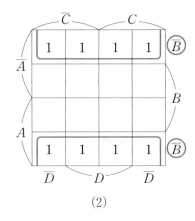
(2)

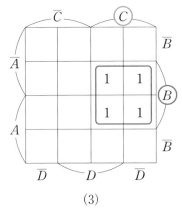
(3)

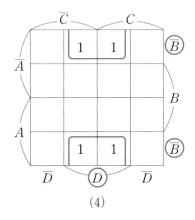
(4)

解答
(1) $Y=\overline{A}$
(2) $Y=\overline{B}$
(3) $Y=B \cdot C$
(4) $Y=\overline{B} \cdot D$

2.5 ベイチ図の活用（4種類の論理変数）

次のベイチ図が示す論理式 Y を簡単な形式で答えよ。

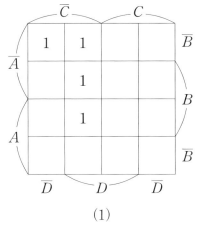

(1)

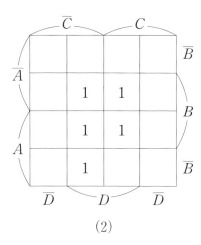

(2)

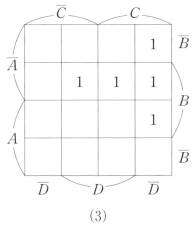

(3)

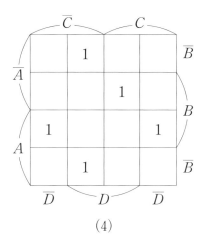

(4)

解き方

できるだけ簡単な論理式が得られるように、「1」を囲むループを決めましょう。(1)は、縦に連続する3個の「1」がありますが、これらを同じループで囲むことはできません。各2個の「1」に分けて、それぞれをループで囲みます。(2)は、$A \cdot B \cdot \overline{C} \cdot D$ の領域にある「1」を重複させて2つのループに含めることでより簡単な論理式が得られます。(4)の $\overline{A} \cdot B \cdot C \cdot D$ の領域にある「1」は、縦か横に隣接していないため、単独ループで囲みます。他の「1」と同じループで囲むことはできません。

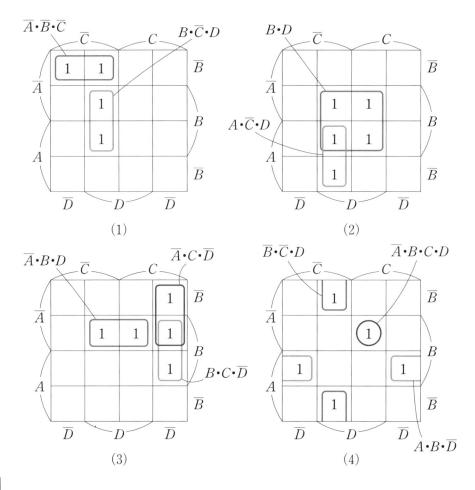

解答

(1) $Y = \overline{A} \cdot \overline{B} \cdot \overline{C} + B \cdot \overline{C} \cdot D$

(2) $Y = A \cdot \overline{C} \cdot D + B \cdot D$

(3) $Y = \overline{A} \cdot B \cdot D + \overline{A} \cdot C \cdot \overline{D} + B \cdot C \cdot \overline{D}$

(4) $Y = A \cdot B \cdot \overline{D} + \overline{B} \cdot \overline{C} \cdot D + \overline{A} \cdot B \cdot C \cdot D$

2.5 ベイチ図の活用（4種類の論理変数）

例題 3

次の論理式に対応するベイチ図を描け。また，ベイチ図を読み取って，対応するできるだけ簡単な形式の論理式を答えよ。

(1) $Y = A \cdot B \cdot \overline{C} \cdot \overline{D} + A \cdot \overline{B} \cdot \overline{C} \cdot D + \overline{A} \cdot B \cdot C \cdot \overline{D} + A \cdot \overline{B} \cdot C \cdot D + A \cdot B \cdot C \cdot \overline{D}$

(2) $Y = \overline{A} \cdot \overline{B} \cdot \overline{C} \cdot \overline{D} + A \cdot B \cdot C \cdot D + \overline{A} \cdot B \cdot \overline{C} \cdot D + A \cdot B \cdot \overline{C} \cdot D + \overline{A} \cdot B \cdot C \cdot D$

(3) $Y = A \cdot C \cdot \overline{D} + \overline{A} \cdot B \cdot C + \overline{A} \cdot \overline{B} \cdot C \cdot D$

(4) $Y = A \cdot C + \overline{B} \cdot C \cdot D + B \cdot \overline{C} \cdot \overline{D}$

解き方

(1)～(4)は，4種類の論理変数が積和形になっている論理式です。したがって，いずれの論理式も縦4×横4，合計16領域のベイチ図を用いて表すことができます。ベイチ図を読み取った結果が，元の論理式よりも簡単な形式であれば，論理式の簡単化ができたことになります。

解答

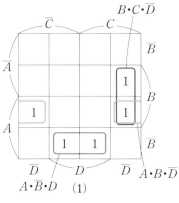

(1)

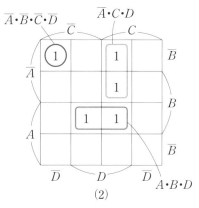

(2)

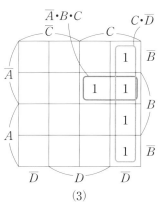

(3)

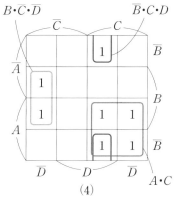

(4)

(1) $Y = A \cdot B \cdot \overline{D} + A \cdot \overline{B} \cdot D + B \cdot C \cdot \overline{D}$

(2) $Y = A \cdot B \cdot D + \overline{A} \cdot C \cdot D + \overline{A} \cdot \overline{B} \cdot \overline{C} \cdot \overline{D}$

(3) $Y = C \cdot \overline{D} + \overline{A} \cdot B \cdot C$

(4) $Y = A \cdot C + \overline{B} \cdot C \cdot D + B \cdot \overline{C} \cdot \overline{D}$ （簡単化できない）

練習問題 11

1 次に示す論理式を，ベイチ図を用いて簡単化せよ。もし，簡単化できない場合は，「簡単化できない」と答えよ。

(1) $Y = \overline{A} \cdot B \cdot \overline{D} + A \cdot B \cdot C \cdot D + A \cdot \overline{B} \cdot C \cdot D + A \cdot D$

(2) $Y = A \cdot B \cdot \overline{C} \cdot \overline{D} + \overline{A} \cdot \overline{B} \cdot \overline{C} \cdot D + \overline{A} \cdot B \cdot C \cdot \overline{D} + A \cdot \overline{B} \cdot C \cdot \overline{D}$

2 次の真理値表について，答えなさい。

(1) 対応する加法標準形の論理式を求めよ。
(2) 対応するベイチ図を描け。
(3) ベイチ図を読み取って，できるだけ簡単な形式の論理式を求めよ。

A	B	C	D	Y
0	0	0	0	0
0	0	0	1	1
0	0	1	0	1
0	0	1	1	1
0	1	0	0	0
0	1	0	1	0
0	1	1	0	0
0	1	1	1	0
1	0	0	0	0
1	0	0	1	0
1	0	1	0	1
1	0	1	1	1
1	1	0	0	0
1	1	0	1	0
1	1	1	0	0
1	1	1	1	1

3 次のベイチ図と対応する真理値表を答えよ。

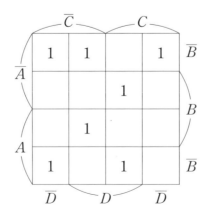

2.5 ベイチ図の活用（4種類の論理変数）

Q&A 2 カルノー図

Q 本章では，ベイチ図を使った論理式の簡単化について学びました。同じ分野で，カルノー図という言葉を聞いたことがあるのですが，ベイチ図とはどこが違うのでしょうか？

　　(a) 2変数用ベイチ図　　　　(b) カルノー図
図1　ベイチ図とカルノー図

A 本書ではベイチ図を用いましたが，カルノー図（Karnaugh map）も論理式の簡単化に使用します。ベイチ図とカルノー図では，論理変数の表記法に違いがあります。カルノー図では，論理変数の否定と肯定をそれぞれ0と1で表記します。

次に示す2変数用の図で，両者の表記法を確認してください。使用法については，どちらも全く同じです。

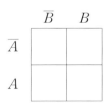   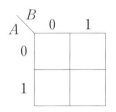   

　(a) ベイチ図　　　　(b) カルノー図
図2　2変数用

3変数用についても，考え方は同じです。

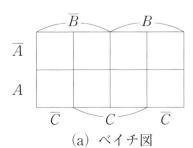

　　(a) ベイチ図　　　　　　　　(b) カルノー図
図3　3変数用（横型）

また，本書では 3 変数用のベイチ図を横型にして使用していますが，縦型として描くことも可能です。

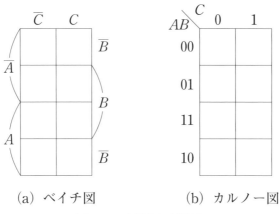

(a) ベイチ図　　　　(b) カルノー図

図4　3変数用（縦型）

念のため，3 変数用のベイチ図とカルノー図の対応についても確認しておきましょう。

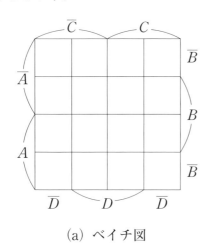 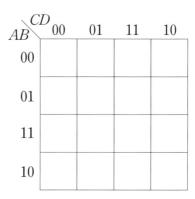

(a) ベイチ図　　　　　　　　(b) カルノー図

図5　4変数用

デジタル・シグナル・プロセッサ (DSP)

かつて，信号処理はアナログ回路によって行われることが大半でした。しかし，現在では，その多くがディジタル回路によって処理されるようになっています。例えば，テレビジョン放送は，それまでのアナログ放送から，2011年から地上ディジタルテレビ放送に完全に移行しました。ラジオ放送については，アナログ放送が続けられていますが，ラジオ受信機のディジタル化が進んでいます。アナログ方式のラジオ受信機は，電波として受信した信号をアナログ信号のまま処理して，音声を再生します。

図1　アナログ方式のラジオ受信機の構成例

一方，ディジタル方式のラジオ受信機は，電波として受信したアナログ信号をある時点で，アナログ／ディジタル(A/D)変換してディジタル信号にします。そして，ディジタル回路による信号処理によって再生に必要な信号を取り出します。その後，ディジタル／アナログ（D/A）変換によってアナログ信号に戻してから再生します。このとき用いるディジタル回路には，ディジタル信号を高速に処理する機能が要求されます。デジタル・シグナル・プロセッサ（digital signal processor：略称 DSP）は，この要求に答えるために開発されたディジタル信号処理用の IC です。

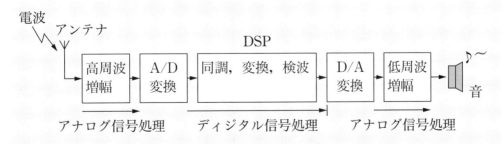

図2　ディジタル方式のラジオ受信機の構成例

ディジタル信号処理では，高性能なディジタルフィルタ（digital filter）回路を使用することが必要となる場合が多くあります。ディジタルフィルタとは，ある特定の周波数の信号成分だけを選択して通過させる機能をもったディジタル回路です。ディジタル方式のラジオ受信機でも，ディジタルフィルタを使用します。ディジタルフィルタでは，乗算や加算などの計算を繰り返し高速に実現する処理を行います。

　ディジタルフィルタ回路を用いたディジタル信号処理は，マイクロコンピュータなどのCPU（central processing unit）で行うことも可能です。しかし，汎用向きに作られているCPUでは，高速な処理に対応しにくいことがあります。一方，DSPは高速で乗算を行う専用回路などが備わっており，アセンブラ言語やC言語などで記述したプログラムによって動作します。このため，DSPをCPUの仲間であると考えることもできますが，DSPはディジタル信号処理用に特化した構成をしているのが特徴です。

図3　CPUとDSP

　例えば，スマートフォンに内蔵されているDSPは，音声や画像のディジタル信号処理や通信にかかわるディジタル信号処理などを担っています。この他，ディジタルテレビ，ディジタルカメラ，ディジタルビデオ，ノイズキャンセリングヘッドホン（イヤホン），洗濯機（モータの回転制御）など多くの電気製品，さらには自動車の制御などにもDSPが採用されています。

図4　DSPの外観例

3章

組合せ回路

　ディジタル回路は，組合せ回路と順序回路に大別できます。組合せ回路は，決まった入力データに対して，いつも同じデータを出力する回路です。つまり，入力データの値だけで出力データが決まります。一方，順序回路は，同じ入力データを与えても，いつも同じデータを出力するとは限りません。入力データに加えて，その時に回路が記憶しているデータの値によって出力データが決まります。言い換えれば，組合せ回路にデータを記憶する機能はありませんが，順序回路にはその機能があるといえます。
　本章では，組合せ回路について説明します。始めに，組合せ回路を設計する際の手順や具体的な方法について学習しましょう。そして，組合せ回路の例として，エンコーダとデコーダ，マルチプレサとデマルチプレサについて説明します。また，算術演算を行う加算回路ついても説明しますので，しっかりと理解しましょう。

3.1 組合せ回路の設計手順

3章 組合せ回路

キーワード

組合せ回路　記憶　設計手順　ディジタル回路　問題　論理変数　真理値表
論理式　簡単化　ブール代数　ベイチ図　パリティチェック

ポイント

(1) 組合せ回路

組合せ回路（combinational circuit）は，決まった入力データに対して，いつも同じデータを出力する回路です。つまり，入力データの値だけで出力データが決まります。組合せ回路には，データを記憶（memory）する機能はありません。NOT，AND，ORなどの基本論理回路は，組合せ回路です。

入力データのみで出力データが決まる

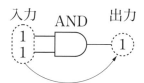
入力データが1，1なら出力データは必ず1

図 3-1　組合せ回路の入力データと出力データ

(2) 設計手順

図に，組合せ回路の基本的な設計手順（design procedure）を示します。

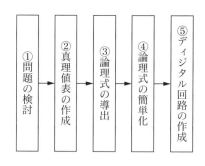

図 3-2　組合せ回路の基本的な設計手順

〈組合せ回路の基本的な設計手順〉

① 問題の検討

ディジタル回路（digital circuit）で実現したい問題（problem）をよく検討し，

事象を論理変数（logical variable）に対応させます。例えば，ある試験の問を論理変数 X として，正解を 0，不正解を 1 のように割り当てます。また，試験結果を論理変数 F として，合格を 0，不合格を 1 のように割り当てます。

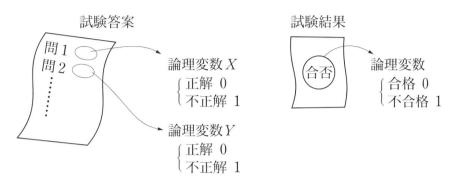

図 3-3　問題の検討例

② 真理値表の作成

割り当てた論理変数を用いて，真理値表を作成します。

③ 論理式の導出

作成した真理値表から，論理式（logical expression）を導出します。「2.2 論理式の求め方（48 ページ）」で学んだ方法で，加法標準形の論理式を求めましょう。

④ 論理式の簡単化

導出した論理式が，簡単化（simplified）できるかどうか検討します。第 2 章で学んだブール代数（Boolean algebra）やベイチ図（Veitch map）の手法を活用しましょう。

⑤ ディジタル回路の作成

簡単化を検討した後の論理式から，ディジタル回路を作成します。回路図を描く際は，配線が見やすくなるように心がけましょう。

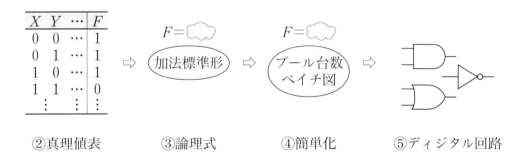

図 3-4　真理値表からディジタル回路の作成まで

例題 1

赤と白のボールがたくさん入っている中の見えない箱がある。この箱に手を入れて順次取り出した3個のボールの色によって結果が決まる抽選を実施する。当選は，赤いボールを2個と白いボールを1個取り出した場合，またはすべて赤いボールを取り出した場合とする。ただし，取り出す順序は問わない。

取り出したボールが赤い場合を0，白い場合を1とし，抽選結果の落選を0，当選を1として真理値表を作成せよ。

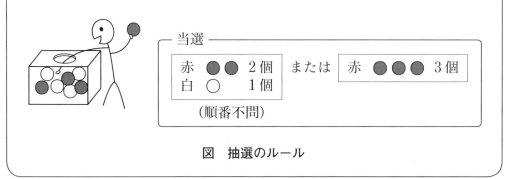

図　抽選のルール

解き方

ディジタル回路にしたい問題を分析して，真理値表を作成する例題です。箱から，1個のボールを3回取り出すことによる抽選です。例えば，取り出す色の1回目を論理変数A，2回目を論理変数B，3回目を論理変数Cとします。また，抽選結果を論理変数Fとします。各論理変数の状態は，問題で指定された通り，ボールの赤を0，白を1とし，抽選結果の落選を0，当選を1として割り当てます。これにより，入力が3変数，出力が1変数の真理値表を作成することができます。

解答

A	B	C	F
0	0	0	1
0	0	1	1
0	1	0	1
0	1	1	0
1	0	0	1
1	0	1	0
1	1	0	0
1	1	1	0

入力
1回目A ⎫
2回目B ⎬ 赤0
3回目C ⎭ 白1

出力
結果F ⎧ 落選0
　　　　⎩ 当選1

例題 2

例題 1 で作成した真理値表から，論理式を導出せよ。

解き方

真理値表から，論理式を導出する例題です。真理値表の出力 F が 1 になっている箇所に注目して，AND 形式の項を求めた後，OR で結合すれば，加法標準形の論理式が得られます（48 ページ参照）。

A	B	C	F	
0	0	0	①	$\to \overline{A}\cdot\overline{B}\cdot\overline{C}$
0	0	1	①	$\to \overline{A}\cdot\overline{B}\cdot C$
0	1	0	①	$\to \overline{A}\cdot B\cdot\overline{C}$
0	1	1	0	
1	0	0	①	$\to A\cdot\overline{B}\cdot\overline{C}$
1	0	1	0	
1	1	0	0	
1	1	1	0	

$F = \overline{A}\cdot\overline{B}\cdot\overline{C} + \overline{A}\cdot\overline{B}\cdot C + \overline{A}\cdot B\cdot\overline{C} + A\cdot\overline{B}\cdot\overline{C}$

解答

$F = \overline{A}\cdot\overline{B}\cdot\overline{C} + \overline{A}\cdot\overline{B}\cdot C + \overline{A}\cdot B\cdot\overline{C} + A\cdot\overline{B}\cdot\overline{C}$

例題 3

例題 2 で作成した論理式が簡単化できるかどうかを検討せよ。

解き方

導出した論理式が，簡単化できるかどうかを検討する例題です。ここでは，ベイチ図を用いて簡単化を試みます。ベイチ図には，隣接する 1 があるため，この論理式が簡単化できることがわかります。

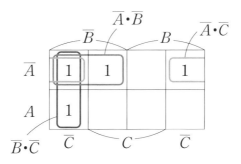

解答

$F = \overline{A}\cdot\overline{B} + \overline{A}\cdot\overline{C} + \overline{B}\cdot\overline{C}$

例題 4

例題 3 で簡単化した論理式に対応するディジタル回路を描け。

解き方

簡単化した論理式から，対応するディジタル回路を作成する例題です。この論理式は，NOT 3 個，2 入力 AND 3 個，3 入力 OR 1 個で構成できます。この回路図は，解答のように入力 A，B，C の NOT の信号線を縦に用意してから配線すれば，わかりやすく描けます。

例題 1（問題の検討，真理値表の作成），例題 2（論理式の導出），例題 3（論理式の簡単化），例題 4（ディジタル回路の作成）の手順によって，箱から取り出した 3 個のボールの色によって結果が決まる抽選をディジタル回路として設計できたことになります。例えば，入力 A，B，C にスイッチを接続し，出力 F にランプを接続するなどすれば，この抽選をディジタル回路として実現することができます。

解答

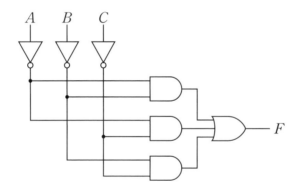

3.1 組合せ回路の設計手順

練習問題12

1 組合せ回路に関する次の記述について，空欄に適語を入れよ。

組合せ回路は，決まった入力データに対して，いつも ① データを出力する回路である。つまり， ② の値だけで出力データが決まる。組合せ回路には，データを記憶する機能が ③ 。NOT，AND，ORなどの基本論理回路は， ④ である。

2 2進数3ビットのディジタルデータについて，データを算術加算したときの和が偶数か奇数かを判定するディジタル回路を作成したい。このような判定方法は，パリティチェック（parity check）とよばれ，ディジタル通信などで間違いの検出に利用されている。

入力		加算		出力
1 0 0	⇨	1+0+0=1	奇数	⇨ 1
1 0 1	⇨	1+0+1=2	偶数	⇨ 0
1 1 1	⇨	1+1+1=3	奇数	⇨ 1

偶数を0，奇数を1とした場合

図 パリティチェックの例

(1) 問題を検討し，入力と出力の論理変数を定義せよ。

(2) 真理値表を作成せよ。

(3) 真理値表から論理式を導出せよ。

(4) 論理式が簡単化できるかどうか検討せよ。

(5) 論理式からディジタル回路を描け。

3章 組合せ回路

89

3章 組合せ回路

3.2 エンコーダとデコーダ

キーワード

エンコーダ　デコーダ　2進数　10進数　符号化　解読

ポイント

(1) エンコーダ

　エンコーダ（encoder）は，信号を符号化する論理回路です。キーボードからの文字入力や外部機器からの信号をコード化する用途で使用されます。図のエンコーダは，10進数を2進数に変換します。たとえば10進数の6を入力する場合は，入力6のみを"1"にして，入力1～5, 7～9には"0"を与えます。その結果，6が入力されているNORのみが出力1となり，それ以外のNORの出力は0となります。すなわち，$(2^3\ 2^2\ 2^1\ 2^0)_2$で示される2進数は，$(0110)_2$であり，10進数の6が変換されることが分かります。

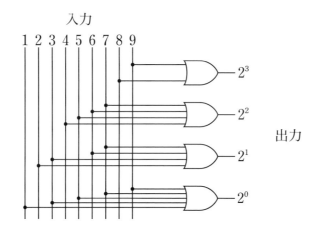

図3-5　エンコーダ（10進-2進）

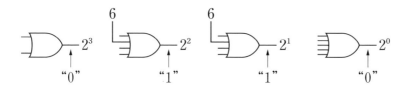

図3-6　10進数6を変換

(2) デコーダ

デコーダ (decoder) は，エンコーダとは逆に，符号化された信号を解読する論理回路です。CPU における命令デコーダ，(instruction decoder) やメモリにおけるアドレスデコーダ (address decoder) などに用いられます。図のデコーダは 2 進数を 10 進数に変換します。2 進数の $(0101)_2$ の場合の入力は，$2^3=0$，$2^2=1$，$2^1=0$，$2^0=1$ となります。したがって，出力段の AND に注目すると，2^3 の NOT，2^2，2^1 の NOT，2^0 が入力され，出力 5 の AND のみが 1 となります。すなわち 2 進数 $(0101)_2$ が 10 進数の 5 に変換されます。

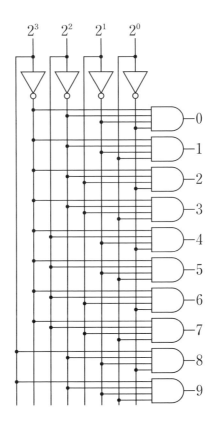

図 3-7 デコーダ（2 進－10 進）

例題 1

次の真理値表で示されるデコーダを論理回路にせよ。

入力		出力			
A	B	D_3	D_2	D_1	D_0
0	0	0	0	0	1
0	1	0	0	1	0
1	0	0	1	0	0
1	1	1	0	0	0

解き方

このデコーダは，A と B の入力条件によって出力 D_3, D_2, D_1, D_0 のうちの一つを1にします。したがって，四個の2入力NAND回路に A または $\overline{A}$ と B または $\overline{B}$ を2入力して構成されます。

解答

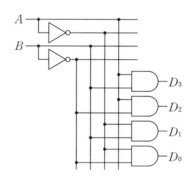

例題 2

次の論理回路について，真理値表を作成せよ。

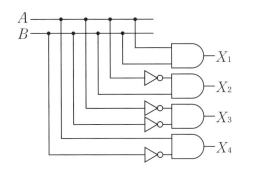

解き方

入力が A, B の 2 個なので，$2^n=2^2=4$ 通りの状態を考え，出力 X_1〜X_4 を使用します。

解答

入力		出力			
A	B	X_1	X_2	X_3	X_4
0	0	0	0	1	0
0	1	0	1	0	0
1	0	0	0	0	1
1	1	1	0	0	0

例題 3

図(a)のデコーダに(b)のタイミングチャートを与えたときの D_0, D_1, D_2, D_3 を示せ。

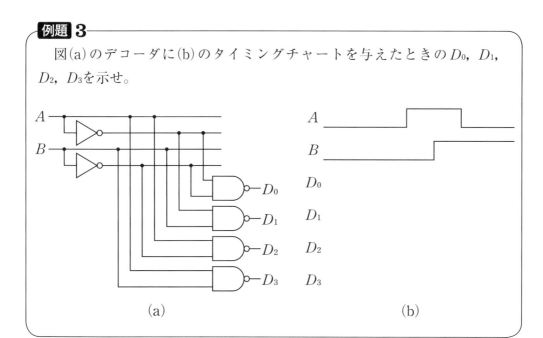

(a)　　　　　　　　　　　(b)

解き方

タイミングチャートの入力信号 A, B の変化点に注目して，2入力 NAND の出力 $D_0 \sim D_3$ を考えます。

解答

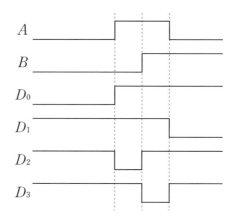

練習問題 13

1 次の真理値表で示されるデコーダを論理回路にせよ。

A	B	D_2	D_1	D_0
0	0	0	1	1
0	1	1	0	1
1	0	1	1	0
1	1	1	1	1

2 次の論理回路について，真理値表を作成せよ。

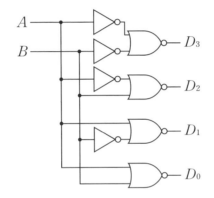

3 図(a)のエンコーダに(b)のタイミングチャートを与えたときのA_0, A_1, A_2を示せ。

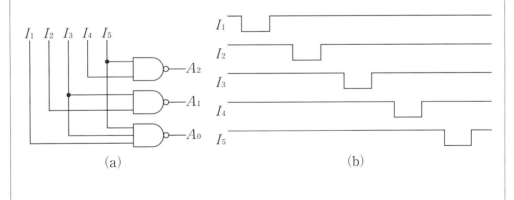

3章 組合せ回路
3.3 マルチプレクサとデマルチプレクサ

キーワード

マルチプレクサ　データセレクタ　デマルチプレクサ　選択信号

ポイント

(1) マルチプレクサ

マルチプレクサ(multiplexer)はデータセレクタ(data selector)とも呼ばれ，複数の入力より出力を選択する論理回路です。入力の選択には，選択入力信号を用います。

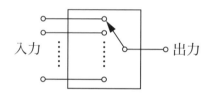

図 3-8　マルチプレクサの概念

図は，4入力1出力のマルチプレクサです。選択信号 A と B の組み合わせによって，入力 $D_0 \sim D_3$ のうちの一つを出力 F に伝達します。

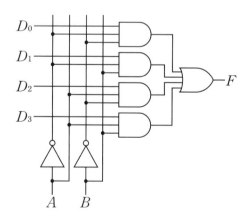

図 3-9　4入力1出力マルチプレクサ

(2) デマルチプレクサ

デマルチプレクサ (de-multiplexer) は、マルチプレクサとは逆に、一つの入力を複数の出力のうちの一つに伝達する論理回路です。出力の選択には選択入力信号を用います。

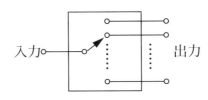

図 3-10 デマルチプレクサの概念

図は、1 入力 4 出力のデマルチプレクサです。選択信号 A と B の組み合わせによって、出力 F_0〜F_3 のうちの一つに入力 D の値を伝達します。

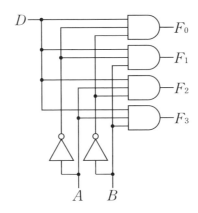

図 3-11 1 入力 4 出力デマルチプレクサ

例題 1

図のブロック図に示す 2 入力 1 出力のマルチプレクサの真理値表と論理回路図を作成せよ。

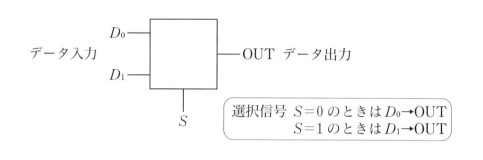

選択信号 $S=0$ のときは $D_0 \to$ OUT
$S=1$ のときは $D_1 \to$ OUT

解き方

まず，真理値表を作成します。入力が D_0, D_1, S の 3 信号なので，その組み合わせ $2^n = 2^3 = 8$ 通りの状態を考えます。論理回路図は，真理値表より作成します。マルチプレクサの場合は，データと選択信号の AND を入力個数分用意し，それらの出力の OR を OUT に伝達します。

解答

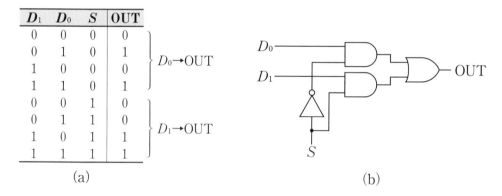

D_1	D_0	S	OUT
0	0	0	0
0	1	0	1
1	0	0	0
1	1	0	1
0	0	1	0
0	1	1	0
1	0	1	1
1	1	1	1

(a) $D_0 \to$ OUT（上 4 行），$D_1 \to$ OUT（下 4 行）

(b)

例題 2

図のブロック図に示す1入力2出力のデマルチプレクサの真理値表と論理回路図を作成せよ。

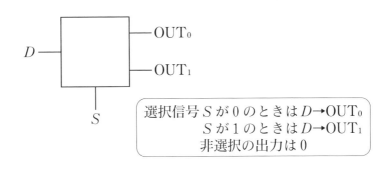

選択信号 S が 0 のときは $D \rightarrow OUT_0$
S が 1 のときは $D \rightarrow OUT_1$
非選択の出力は 0

解き方

まず，真理値表を作成します。入力が D と S の2信号なので，$2^n = 2^2 = 4$ 通りの状態を考えます。論理回路図は真理値表より作成します。デマルチプレクサの場合は，データと選択条件との AND を出力に伝達します。

解答

D	S	OUT_0	OUT_1
0	0	0	0
1	0	1	0
0	1	0	0
1	1	0	1

上2行：$D \rightarrow OUT_0$
下2行：$D \rightarrow OUT_1$

(a)

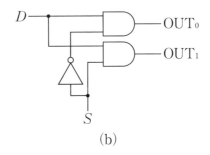

(b)

例題 3

図(a)のマルチプレクサを用いた回路に対して，タイミングチャート(b)に示す信号を入力した。出力 Y_3, Y_2, Y_1, Y_0 をタイミングチャートに示せ。

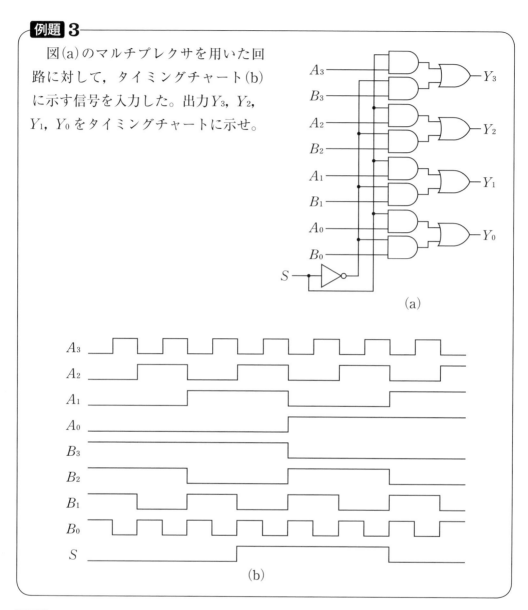

解答

タイミングチャートより，選択信号 $S=1$ のときは，$A_3A_2A_1A_0$ を $Y_3Y_2Y_1Y_0$ に出力し，$S=0$ のときは，$B_3B_2B_1B_0$ を $Y_3Y_2Y_1Y_0$ に出力することが分かります。

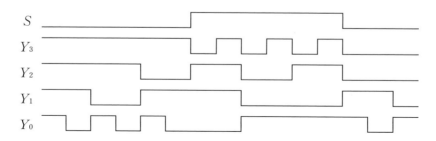

練習問題 14

1 次の仕様に示す 4 入力 1 出力のマルチプレクサの真理値表（機能表）と論理回路図を作成せよ。

［仕様］

データ入力 A, B, C, D およびデータ出力 Y を持つ。入力データは，選択信号 S_1 と S_2 の組み合わせによって選択されて出力 Y に伝達される。S_1S_2 と出力データの関係は，次の通りである。$S_1S_2=00:A$，$S_1S_2=01:D$，$S_1S_2=10:B$，$S_1S_2=11:C$

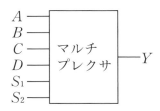

2 次の仕様に示す 1 入力 4 出力のデマルチプレクサの真理値表（機能表）と論理回路図を作成せよ。

［仕様］

データ入力 X およびデータ出力 A, B, C, D を持つ。入力データ X は，選択信号 S_1 と S_2 の組み合わせによって出力のいずれかに伝達される。S_1S_2 と選択出力の関係は，次の通りである。$S_1S_2=00:B$，$S_1S_2=01:C$，$S_1S_2=10:D$，$S_1S_2=11:A$

3章 組合せ回路

3.4 加算器

キーワード

半加算器　全加算器　桁上がり入力　桁上がり出力

ポイント

(1) 半加算器

半加算器（half adder）は，1桁の2進数の加算を行う回路です。図の半加算器では，入力 A と B を加算してその結果を出力 Σ および桁上がり出力 C_o（carry out）に出力します。

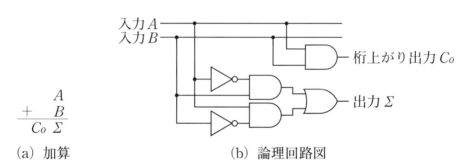

入力		出力	
A	B	C_o	Σ
0	0	0	0
0	1	0	1
1	0	0	1
1	1	1	0

(c) 真理値表

図 3-12　半加算器

図のように半加算器は EXOR を用いて表現することもできます。

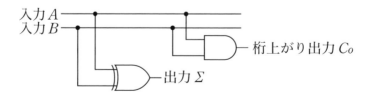

図 3-13　EXOR を用いた半加算器

(2) 全加算器

2桁以上の2進数の加算を行う場合には，前の桁からの桁上がり入力 C_i（carry in）を持つ全加算器（full adder）を使用します。

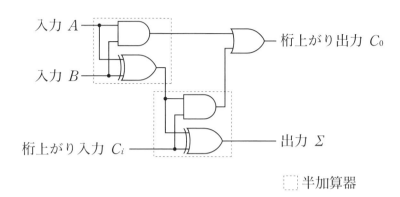

(a) 論理回路図

入力			出力	
C_i	A	B	C_o	Σ
0	0	0	0	0
0	0	1	0	1
0	1	0	0	1
0	1	1	1	0
1	0	0	0	1
1	0	1	1	0
1	1	0	1	0
1	1	1	1	1

(b) 真理値表

図 3-14　全加算器

例題 1

次の加算器に関する説明の (1) ～ (4) の空欄を埋めよ。

・半加算器は， (1) 個の AND と (2) 個の EXOR で構成することができる。

・全加算器は， (3) 個の半加算器と (4) 個の OR で構成することができる。

解き方

ポイント(1)と(2)に示した論理回路図を参照してください。

解答

(1)　1　　(2)　1　　(3)　2　　(4)　1

例題 2

入力 A, B, 桁上がり入力 C_i, 出力 Σ, 桁上がり出力 C_o を持つ全加算器において，次の(1)~(4)の加算を行った結果，桁上がり出力 C_o, 出力 Σ の値を示せ。

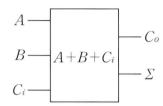

(1) $A=0$, $B=1$ $C_i=0$
(2) $A=0$, $B=0$ $C_i=1$
(3) $A=0$, $B=1$ $C_i=1$
(4) $A=1$, $B=1$ $C_i=1$

解き方

2進数の加算を筆算で考えます。

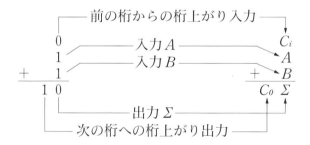

解答
(1) $0+1+0=01$ なので，$C_o=0$, $\Sigma=1$
(2) $0+0+1=01$ なので，$C_o=0$, $\Sigma=1$
(3) $0+1+1=10$ なので，$C_o=1$, $\Sigma=0$
(4) $1+1+1=11$ なので，$C_o=1$, $\Sigma=1$

例題 3

次に示す論理回路は，2桁の2進数 $(B_1B_0)_2$ と $(A_1A_0)_2$ の加算を行う回路である。回路の真理値表を作成し，正しく加算が行われていることを確認せよ。

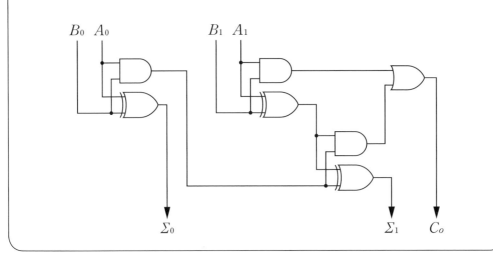

解き方

B_1, B_0, A_1, A_0 の組み合わせは，$2^n = 2^4 = 16$ 通りであり，それぞれについて Σ_0, Σ_1, C_o を求めて真理値表を作成します。そして，加算 $(B_1B_0)_2 + (A_1A_0)_2$ が行われていることを確認します。

解答

入力				出力		
B_1	B_0	A_1	A_0	C_o	Σ_1	Σ_0
0	0	0	0	0	0	0
0	0	0	1	0	0	1
0	0	1	0	0	1	0
0	0	1	1	0	1	1
0	1	0	0	0	0	1
0	1	0	1	0	1	0
0	1	1	0	0	1	1
0	1	1	1	1	0	0
1	0	0	0	0	1	0
1	0	0	1	0	1	1
1	0	1	0	1	0	0
1	0	1	1	1	0	1
1	1	0	0	0	1	1
1	1	0	1	1	0	0
1	1	1	0	1	0	1
1	1	1	1	1	1	0

たとえば
$$\begin{array}{r} B_1\ B_0 \\ +\ A_1\ A_0 \\ \hline C_o\ \Sigma_1\ \Sigma_0 \end{array} \Rightarrow \begin{array}{r} 0\ 1 \\ +\ 1\ 1 \\ \hline 1\ 0\ 0 \end{array}$$

3.4 加算器

練習問題 15

1 次の加算器に関する説明の (1) 〜 (5) の空欄を埋めよ。

半加算器は，入力を (1) 個，出力を (2) 個持つ回路である。 (3) 入力を持たないため，複数の桁の2進数の加算においては，最下位の部分のみに使用することができる。2桁以上の部分には， (3) 入力を持つ全加算器を用いる。全加算器は，入力を (4) 個，出力を (5) 個持つ回路である。

2 図(a)に全加算器のブロック図を示す。このブロックを複数用いて，4桁の2進数の加算器を構成せよ。ただし，入力と出力の信号名は図(b)の全体ブロック図に，回路の動作は図(c)に従うものとする。

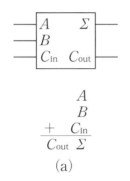

(a)

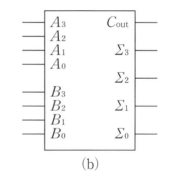

(b)

$$
\begin{array}{r}
A_3\ A_2\ A_1\ A_0 \\
+\ B_3\ B_2\ B_1\ B_0 \\
\hline
C_{out}\ \Sigma_3\ \Sigma_2\ \Sigma_1\ \Sigma_0
\end{array}
$$

(c)

Q&A 3 加算器を使用した減算

Q 本章では，加算器にについて学びました。引き算を計算する減算器はどのように構成するのでしょうか？

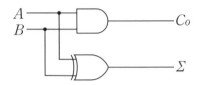

(a) 半加算器

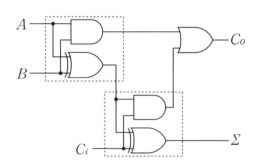

(b) 全加算器

図1 加算器

A 減算器についても，加算器と同様に真理値表から回路を構成することができます。減算器も2進数1桁の減算を行う半減算器と複数桁の減算を行う全減算器が考えられます。半減算器の真理値表と回路は次の様になります。

入力		出力	
A	B	D	B_o
0	0	0	0
0	1	0	1
1	0	1	0
1	1	0	0

$$\begin{pmatrix} B_o = \overline{A} \cdot B \\ D = \overline{A} \cdot B + A \cdot \overline{B} \end{pmatrix}$$

(a) 真理値表 　　　　(b) 回路

図2 半減算器

ところで，本章では補数を使うことで，減算を加算として計算できることを説明しました。この考え方を用いれば，加算器を用いた減算器が構成できます。減算を加算に変形するには，引く数 $B_3 B_2 B_1 B_0$ の2の補数を使います。2の補数は，データをNOTして1を加算することで得られます。

$(A_3A_2A_1A_0)_2 - (B_3B_2B_1B_0)$
$= (A_3A_2A_1A_0)_2 + (B_3B_2B_1B_0 の2の補数)$

図3 補数を用いた減算

EXOR（イクスクルーシブオア）は，入力Xが0のとき出力Fは入力Yの肯定，入力Xが1のとき出力Fは入力Yの否定になります。この動作を利用して，2の補数を求めます。

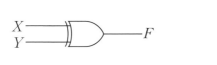

図4 EXOR

4ビットの全加算器を用いた加減算器の構成例を示します。加減算器とは，加算と減算を切り替えて実行できる回路です。選択信号Sを0にすると全加算器の入力$N_3N_2N_1N_0$には，$B_3B_2B_1B_0$がそのまま（肯定）入力されます。また，桁上がり入力C_iも0なので，計算として加算が実行されます。また，選択信号Sを1にすると全加算器の入力$N_3N_2N_1N_0$には，$B_3B_2B_1B_0$の否定（NOT）が入力されます。また，桁上がり入力C_iが1なので，$B_3B_2B_1B_0$の否定データに1が加算されます。これにより，選択信号Sを1にすると減算が実行されます。

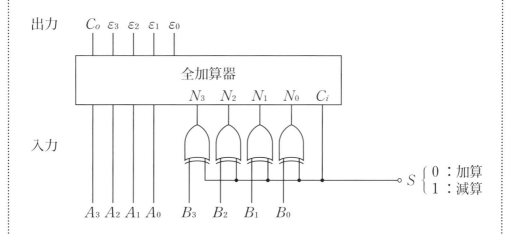

図5 4ビットの加減算器の構成例

コラム プログラマブル・ロジック・デバイス（PLD）

　ある機能を実現するディジタル回路を実際に構成する場合，下記のように，いくつかの方法が考えられます。

① 汎用ディジタルICを使う

　市販されているAND，OR，NOTや各種FFなどの汎用ディジタルICを用いてディジタル回路を構成する方法です。多くのICと配線が必要になり，サイズも大きくなります。機能の変更は，配線の修正で実現します。

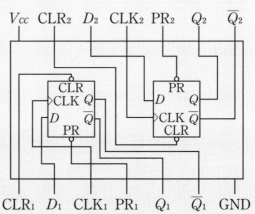

(a) 外観例（74HC74）　　　(b) ピン配置（D-FF）

図1　汎用ディジタルICの例

② CPUを使う

　マイクロコンピュータなどのCPU（central processing unit）に，処理させたい機能をプログラムで指示します。機能の変更は，プログラムの修正で実現できますが，プログラムを解釈しながら動作するので高速処理には向きません。

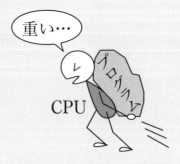

図2　CPUを使った処理機能の実現

③ ASICを使う

ASIC (application specific integrated circuit) は，特定用途向けのICです。IC製造メーカに依頼して，実現したいディジタル回路を1個のICとして製作してもらいますので，サイズが小さくなり，高速処理が可能です。しかし，同じICを大量に製作しないと，単価が高くなってしまいます。また，ICの内部回路の変更は不可能であるため，機能の変更は容易ではありません。

④ PLDを使う

PLD (programmable logic device) は，たくさんの組合せ回路やFFなどを内部に搭載しており，指示によって，その内部構成を変更できるディジタル回路用ICです。ASICほどの高速処理はできませんが，少数個の場合は単価を抑えることができます。また，与える指示によって，内部回路の変更が何度でも可能であるため，機能の変更が容易にできます。

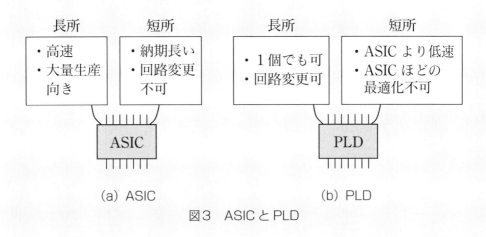

図3　ASICとPLD

PLDは，比較的小規模用途に向いたCPLD (complex programmable logic device) と大規模用途に向いたFPGA (field programmable gate array) に大別できます。CPLDは，フラッシュメモリの技術を応用して作られており，電源を切っても回路の状態を保持できます。一方，FPGAは，CPLDよりも多くの論理素子を内蔵していますが，SRAM (static random access memory) の技術を応用して作られており，電源を切ると回路の状態が消失します。このため，FPGAでは，起動の度に，コンフィギュレーションROM (configuration read only memory) とよばれる外部メモリから，回路情報を読み出す必要があります。

PLDの回路構成を変更するプログラムは，ハードウェア記述言語 (hardware description language：略称HDL) とよばれ，Verilog-HDL，VHDLなどの種類があります。パソコンを用いて，ハードウェア記述言語によって記述したデータを転送することで，PLDの内部構成を変更することができます。PLDを使用するための開発環境としてフリーで提供されているソフトウェアもあります。

(a) FPGA　　　　　　　　(b) コンフィギュレーション ROM

図4　PLD などの外観例

4章

フリップフロップ

　組合せ回路にはデータを記憶する機能がありませんが，順序回路はその機能を有しています。データを記憶する機能をラッチといいます。順序回路では，入力データに加えて，記憶しているデータを加味して出力データが決定されます。

　本章では，ラッチ回路として各種のフリップフロップについて説明します。フリップフロップは，それ自体が小規模な順序回路ともいえますが，一般的には，複数のフリップフロップを用いたより大規模な回路を順序回路ということが多いです。フリップフロップは，クロック信号を必要とせずに動作する非同期式とクロック信号に同期して動作する同期式に大別できます。この章で，順序回路の基本となる各種のフリップフロップについて理解しましょう。

4章 フリップフロップ

4.1 ラッチ回路

ラッチ　フィードバック　セット　リセット　フリップフロップ　順序回路
SR-FF　RS-FF　非同期式　クロック　同期式　特性表

👉 ポイント

(1) ラッチ回路

データを記憶すること，つまり保持しておくことをラッチ（latch）といいます。図は，1ビットのデータを保持するラッチ回路の例です。この回路は，ORの出力が入力側にフィードバック（feedback）接続してあることが特徴です。

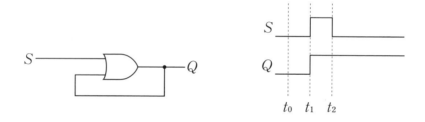

図 4-1　ラッチ回路とタイミングチャートの例

時刻 t_0 では，入力 S と出力 Q が 0 になっています。次に時刻 t_1 で入力 S を 1 にすると，出力 Q は 0 から 1 に変化します。この後，時刻 t_2 で入力 S を 0 に戻しますが，出力 Q は 1 のまま変化しません。つまり，この回路はデータ 1 をラッチする機能を持っていると考えることができます。ただし，この回路では，保持したデータ 1 を 0 に戻すことができません。

(2) 端子 R 付きラッチ回路

次のラッチ回路は，入力として S 端子と R 端子を備えています。時刻 t_1 で入力 S を 1 にすると，出力 Q は 0 から 1 に変化します。そして，時刻 t_2 で入力 S を 0 に戻しますが，出力 Q は 1 のまま変化せずにデータ 1 がラッチされています。ここまでの動作は，前に説明した OR だけのラッチ回路と同じです。この後，時刻 t_3 で入力 R を 1 にすると，出力 Q が 0 に戻ります。つまり，この回路は，ラッチするデータを 1 または 0 とする機能を持っていると考えられます。

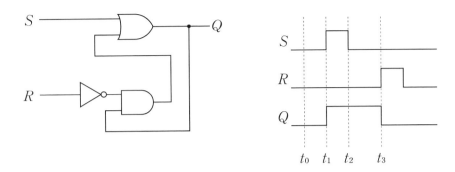

図 4-2　端子 R 付きラッチ回路とタイミングチャートの例

　ラッチするデータを 1 にすることをセット（set），0 にすることをリセット（reset）といいます。また，入力データによって，ラッチするデータが変化する回路をフリップフロップ（FF：flip-flop）といいます。フリップフロップは，組合せ回路にはなかったラッチ機能を備えているため，順序回路（sequential circuit）の基本要素ということもできます。

(3) 非同期式 RS-FF

　端子 R 付きラッチ回路は，変形すると下図のように描くことができます（**例題** 1 参照）。この回路は，S（セット）端子と R（リセット）端子をもっていることから，SR-FF（set reset flip-flop）または，RS-FF（reset set flip-flop）とよばれます。また，入力データの変化のみで動作を切り替えることから，非同期式（asynchronous）フリップフロップに分類されます。この他，

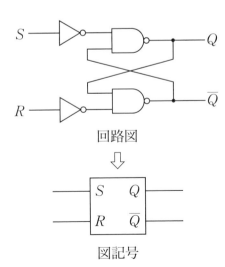

S	R	Q^{t+1}	$\overline{Q}^{t+1}$	動作
0	0	Q^t	$\overline{Q}^t$	保持
0	1	0	1	リセット
1	0	1	0	セット
1	1	禁止	×	

図 4-3　非同期式 RS-FF と特性表

クロック（clock）とよばれる外部からの信号変化に同期して動作する同期式（synchronous）フリップフロップもあります。本書では，フリップフロップの動作を示す表を特性表（characteristic table）とよぶことにします。特性表の Q^{t+1} は，Q^t の次の状態を示しています。RS-FF では，入力 S と R を同時に 1 にすることは禁止されています（Q&A 参照）。

例題 1

図(a)の端子R付きラッチ回路（RS-FF）を図(b)のように変形する過程を示せ。

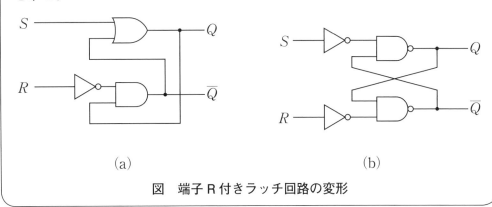

図　端子R付きラッチ回路の変形

解き方

第2章43ページで説明したようにORをANDに置き換える変形を行うために，ド・モルガンの定理を応用します。ORとANDを交換し，入力と出力の論理を反転（否定なら肯定，肯定なら否定）すれば，同じ働きをするディジタル回路が得られます。

解答

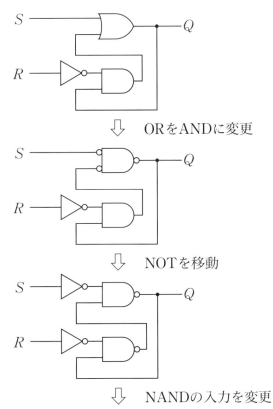

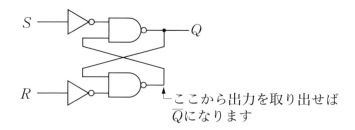

例題 2

次に示す RS-FF のタイミングチャートを完成せよ。

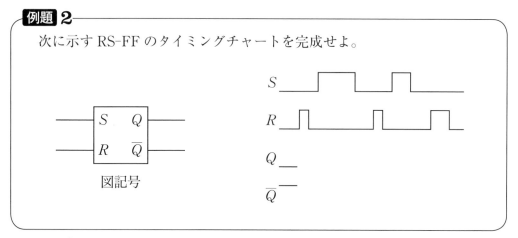

解き方

RS-FF は，入力 S がセット端子，入力 R がリセット端子として動作します。タイミングチャートでは，横軸が時間，縦軸の下部を 0，上部を 1 として考えます。問題のタイミングチャートでは，初期状態が $Q=0$，$\overline{Q}=1$ です。ここから時間が経過して，入力 R が 0 から 1 に変化します。この時に RS-FF はリセット動作をしますが，出力 Q は当初から 0 であるため，変化は生じません。次に入力 S が 0 から 1 に変化した時は，入力 Q が 1 にセットされます。この状態は，次に入力 R が 1 になるまで保持されます。RS-FF は，入力 S と R を同時に 1 にする使い方は禁止されていますので，タイミングチャートでも入力 S と R が同時に 1 になることがあってはなりません。

解答

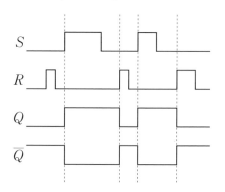

4.1 ラッチ回路

例題 3

RS-FF において，入力 S, R に同時に 0 が入力された場合の動作を説明せよ。

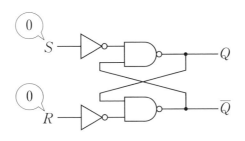

解き方

RS-FF の入力 S, R に同時に 0 が入力された場合，NAND 入力の 1 本は 1 になることがわかりますが，もう 1 本の入力が定まりません。これは，2 個の NAND 双方にあてはまり，手詰まりになってしまいます。このため，出力 Q が 0，または 1 であると仮定して動作を考えます。すると，どちらに仮定した場合でも，矛盾なく動作することがわかります。

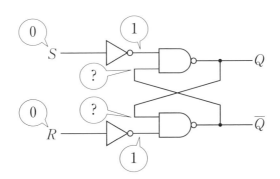

解答

出力 Q が 0 であると仮定して動作を考えます。すると，下の NAND の 2 本の

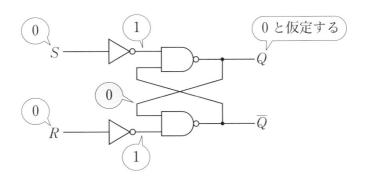

入力が定まり，$Q=1$ となります。これにより，上の NAND の 2 本の入力が定まり $Q=0$ となります。これは，仮定した条件と一致するため，RS-FF はこの状態で安定します。次に，出力 Q が 1 であると仮定した場合は，$Q=1$ となり，仮定した条件と一致して安定します。どちらの場合でも，出力 Q の変化はないため，RS-FF が保持動作をしていると考えられます。

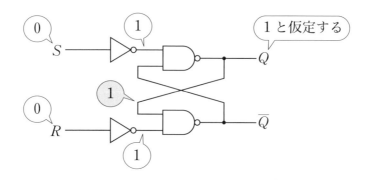

練習問題 16

1 次に示す RS-FF の特性表の ① ～ ⑦ を答えよ。また、Q^t と Q^{t+1} の関係について説明せよ。

S	R	Q^{t+1}	$\overline{Q}^{t+1}$	動作
0	0	①	$\overline{Q}^t$	⑦
0	1	②	③	リセット
1	0	④	⑤	セット
1	1	⑥		×

RS-FF の特性表

2 次の回路は、セット優先 RS-FF とよばれる。このフリップフロップの入力 R, S を同時に 1 にした場合の動作を説明せよ。

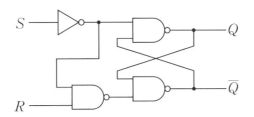

図 1　セット優先 RS-FF

3 次の RS-FF は、2 個の NOR によって構成することもできる。このときの回路を示せ。

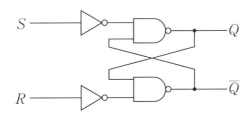

図 2　NAND を用いた RS-FF

Q&A 4 RS-FFの動作

Q RS-FFでは，入力 S と R を同時に1にする使い方が禁止されています。なぜでしょうか？

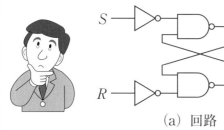

S	R	Q^{t+1}	$\overline{Q}^{t+1}$	動作
0	0	Q^t	$\overline{Q}^t$	保持
0	1	0	1	リセット
1	0	1	0	セット
1	1	×		禁止

(a) 回路　　　　　　　　(b) 特性表

図1　RS-FF

A RS-FFの入力 S と R を同時に1とした場合を考えてみましょう。NANDは，1本の入力に1が加わると，出力は必ず1になります。このことを考えると，RS-FFは下図の状態で安定します。しかし，出力 Q と $\overline{Q}$ が同時に1になるため，論理条件に反します。このため，入力を同時に1とすることを禁止しています。

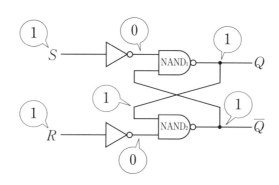

図2　RS-FF ($S=1$, $R=1$)

しかし，ここでは出力 Q と $\overline{Q}$ が同時に1になることを許すとして，話を進めましょう。上図のように，入力 S と R を同時に1として，安定している状態から，入力 S と R をどちらも0にします。そして，もし $NAND_1$ が先に動作したと考えれば，出力 Q が0，$\overline{Q}$ が1で安定します。

122

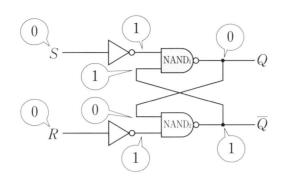

図3　NAND₁が先に動作した場合

ところが，もしNAND₂が先に動作したと考えれば，出力Qが1，$\overline{Q}$が0で安定します。つまり，先程とは，異なる出力で安定します。

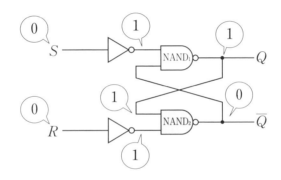

図4　NAND₂が先に動作した場合

　複数のICは，例え同じ型番であっても，完全に同じタイミングで動作することはありません。また，温度など様々な条件によって，動作のタイミングもその都度変化します。したがって，どのICが先に動作するかを正しく予想することは不可能です。RS-FFでは，入力SとRを同時に1にすると，出力の論理に矛盾を生じます。さらに，次に入力としてSとRを同時に0にした場合の出力を確定できません。このため，入力SとRを同時に1とする使い方を禁止しています。

　入力を同時に1とする必要がある場合には，JK-FFを使うなどの方法が考えられます。

4.2 RS-FF と JK-FF

キーワード
非同期式　フリップフロップ　RS-FF　同期式　クロック
ポジティブエッジ　ネガティブエッジ　特性方程式　JK-FF

ポイント

(1) 同期式 FF

前節では，非同期式（asynchronous）の RS（reset set）フリップフロップ（FF: flip-flop）について学びました。ここでは，同期式（synchronous）の FF について説明します。同期式の FF は，クロック（clock）端子 CK から入力される信号に同期して動作します。この動作は，クロックのポジティブエッジ（positive edge）または，ネガティブエッジ（negative edge）のタイミングで行われます。

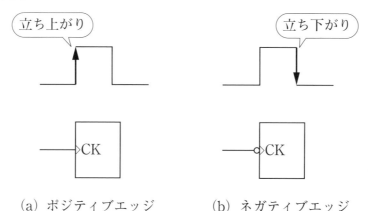

(a) ポジティブエッジ　　(b) ネガティブエッジ

図 4-4　動作のタイミング

(2) RS-FF

ポジティブエッジ型の同期式 RS-FF は，クロックの立ち上がり時に，入力 S と R のデータを取り込んで動作します。クロックが立ち上がる時以外に入力 S，R のデータを変えたとしても，FF は動作しません。RS-FF の動作は，次の特性方程式（characteristic equation）で表すことができます。

RS-FF の特性方程式　　$Q^{t+1} = S + \overline{R} \cdot Q^t$　ただし，$S \cdot R = 0$ ……………… 式 4.1

4.2 RS-FF と JK-FF

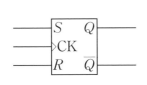

CK	S	R	Q^{t+1}	$\overline{Q}^{t+1}$	動作
↑	0	0	Q^t	$\overline{Q^t}$	保持
↑	0	1	0	1	リセット
↑	1	0	1	0	セット
↑	1	1	禁止	×	

図 4-5 RS-FF の図記号と特性表

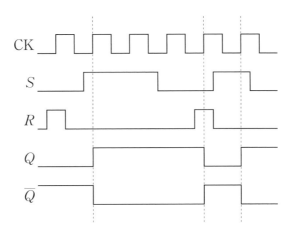

図 4-6 RS-FF のタイミングチャート例

(3) JK-FF

JK-FF は，入力 J，K をもった FF です。$J=1$，$K=1$ の時に，出力 Q の値を反転します。入力 J と K は，RS-FF の入力 S と R にそれぞれ対応して考えることができます。また，RS-FF では $S=1$，$R=1$ の入力が禁止されていますが，この不便さを改善したのが JK-FF であると捉えることができます。JK-FF の動作は，次の特性方程式で表すことができます。

記号 J，K が使われる理由には諸説あり，入力を J（Jack：男）と K（King：王），出力を Q（Queen：女王）と関連付けたという説もあります。

JK-FF の特性方程式　　$Q^{t+1}=J\cdot\overline{Q^t}+K\cdot Q^t$ ……………………………………… 式 4.2

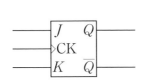

CK	J	K	Q^{t+1}	$\overline{Q}^{t+1}$	動作
↑	0	0	Q^t	$\overline{Q^t}$	保持
↑	0	1	0	1	リセット
↑	1	0	1	0	セット
↑	1	1	$\overline{Q^t}$	Q^t	反転

図 4-7 JK-FF の図記号と特性表

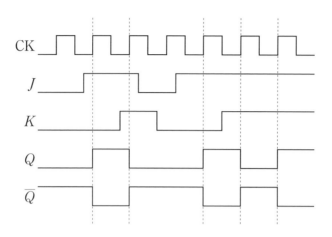

図 4-8 JK-FF のタイミングチャート例

例題 1

次に示す RS-FF のタイミングチャートを完成せよ。

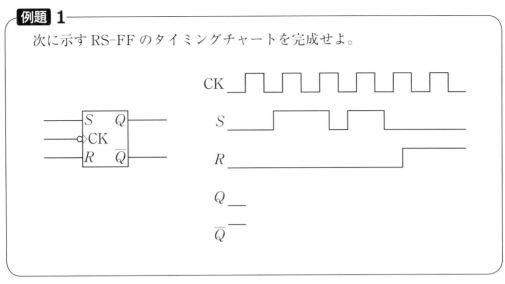

解き方

この RS-FF は，ネガティブエッジ型のクロック端子を持っています。このため，クロック CK の立ち下がり時に，入力 S と R のデータを取り込んで動作します。タイミングチャートにおいて，入力 S が初めて 1 に立ち上がった時は，クロック CK が 0 になっており，立ち下がりの瞬間ではないため，FF は動作しません。入力 S が 1 で，かつクロック CK が立ち下がる瞬間に出力 Q が 1 にセットされます。入力 R が 1 になった場合も，クロック CK が立ち下がる瞬間に FF が動作することに注意して，タイミングチャートを完成してください。出力 $\overline{Q}$ は，Q が反転した状態になります。

解答

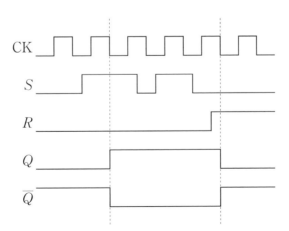

例題 2

次に示す JK-FF のタイミングチャートを完成せよ。

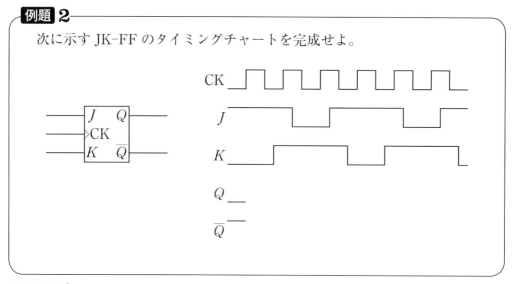

解き方

この JK-FF は，ポジティブエッジ型のクロック端子を持っています。このため，クロック CK の立ち上がり時に，入力 J と K のデータを取り込んで動作します。タイミングチャートにおいて，入力 J は当初から 1 になっていますが，その後クロック CK が 1 に立ち上がった瞬間で FF が動作し，出力 Q を 1 にします。

また，JK-FF は，入力 J と K が同時に 1 になった場合は，クロック CK に同期したタイミングで出力 Q を反転します。出力 $\overline{Q}$ は，Q が反転した状態になります。

解答

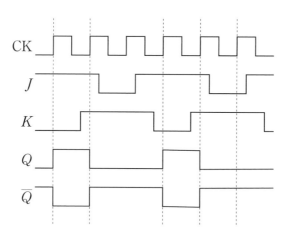

4.2 RS-FF と JK-FF

例題 3

RS-FF の特性方程式が，次式で表されることを示せ。

$$Q^{t+1} = S + \overline{R} \cdot Q^t \qquad \text{ただし，} S \cdot R = 0$$

解き方

　FF の動作を示す特性方程式を導出する例題です。RS-FF の特性表について，第 2 章で学んだ論理式の求め方やブール代数を使います。ただし，特性表は，これまで扱った真理値表と異なり，出力に Q^t などの表記があります。このため，特性表から AND の項を求める際には Q^t も加えておきます。そうすれば，Q^t が 0 の場合には AND の項も 0 になります。禁止条件については，AND の項 $S \cdot R$ を作っておきます。

　AND の項を OR で結合した Q^{t+1} の式について，ブール代数を用いて変形していきます。RS-FF の禁止条件として，特性方程式に $S \cdot R = 0$ を併記するのを忘れないようにしてください。

S	R	Q^{t+1}	
0	0	Q^t	$\to \overline{S} \cdot \overline{R} \cdot Q^t$
0	1	0	
1	0	1	$\to S \cdot \overline{R}$
1	1	禁止	$\to S \cdot R$

$$\overline{S} \cdot \overline{R} \cdot Q^t + S \cdot \overline{R} + S \cdot R$$

解答

$$Q^{t+1} = \overline{S} \cdot \overline{R} \cdot Q^t + S \cdot \overline{R} + S \cdot R$$

$$= \overline{S} \cdot \overline{R} \cdot Q^t + S \cdot (\overline{R} + R) \quad \text{補元の法則}$$

$$= \overline{S} \cdot (\overline{R} \cdot Q^t) + S \quad \text{吸収の法則}$$

$$= S + \overline{R} \cdot Q^t$$

　　ただし，$S \cdot R = 0$

129

練習問題 17

1 次に示す JK-FF の特性表の ① ～ ⑫ を答えよ。

J	K	Q^{t+1}	$\overline{Q^{t+1}}$	動作
0	0	①	②	⑨
0	1	③	④	⑩
1	0	⑤	⑥	⑪
1	1	⑦	⑧	⑫

2 次の 2 種類の RS-FF について，動作の違いを説明せよ。

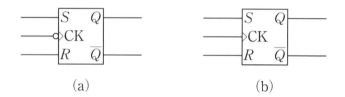

図1　RS-FF の図記号

3 入力を同時に 1 とすることについて，RS-FF と JK-FF を比較して説明せよ。

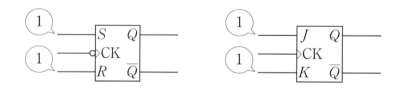

図2　RS-FF と JK-FF の比較

4.3 D-FF と T-FF

キーワード

同期式　D-FF　クロック　ラッチ　メモリ　特性方程式　T-FF　機能
FF の機能変換

ポイント

(1) D-FF

　同期式の D-FF（delay flip-flop）は，クロックに同期して，入力 D のデータを取り込んでラッチします。入力 D のデータを変更しても，次に有効なクロックが与えられるまで，そのデータはラッチされません。つまり，データのラッチは，入力より遅れます。このため，遅れ（delay）という意味の名称が付けられています。D-FF は，1 ビットのデータをそのままラッチする機能を持っていますので，最も基本的なラッチ回路であると考えることができます。また，この FF は，基本的な 1 ビットのメモリ（memory）であるともいえます。D-FF の動作は，次の特性方程式で表すことができます。

　　D-FF の特性方程式　　$Q^{t+1}=0$ ……………………………………… 式 4.3

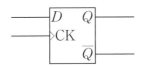

CK	D	Q^{t+1}	$\overline{Q}^{t+1}$	動作
↑	0	0	1	リセット
↑	1	1	0	セット

図 4-9　D-FF の図記号と特性表

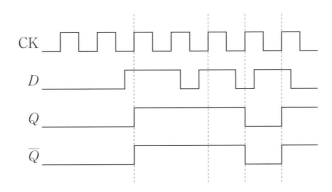

図 4-10　D-FF のタイミングチャート例

(2) T-FF

T-FF（toggle flip-flop）は，入力 T が有効のときクロックに同期して，ラッチしているデータを反転します。このため，二つの状態を交互に切り換える（toggle）という意味の名称が付けられています。ただし，入力 T が無効のときは，ラッチしているデータを変更しません。T-FF の動作は，次の特性方程式で表すことができます。

T-FF の特性方程式　　$Q^{t+1}=\overline{T}\cdot Q^t+T\cdot\overline{Q^t}$ ……………………………………… 式 4.4

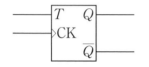

CK	D	Q^{t+1}	$\overline{Q^{t+1}}$	動作
↑	0	Q^t	$\overline{Q^t}$	保持
↑	1	$\overline{Q^t}$	Q^t	反転

図 4-11　T-FF の図記号と特性表

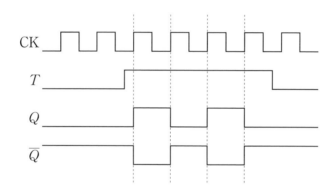

図 4-12　T-FF のタイミングチャート例

(3) 機能変換

ある FF の機能（function）は，他の形式の FF を用いることでも実現できます。これを，FF の機能変換（function conversion）といいます。JK-FF を用いて T-FF を構成した例及び，D-FF を用いて JK-FF を構成した例を示します。

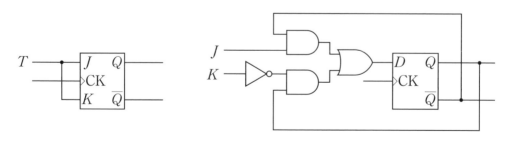

　（a）JK-FF による T-FF の構成　　　（b）D-FF による JK-FF の構成
図 4-13　FF の機能変換例

132

4.3 D-FF と T-FF

例題 1

次に示す D-FF のタイミングチャートを完成せよ。

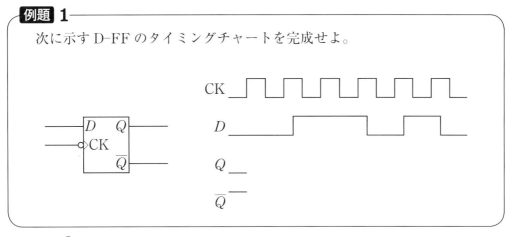

解き方

この D-FF は，ネガティブエッジ型のクロック端子を持っています。このため，クロック CK の立ち下がり時に，入力 D のデータを取り込んでラッチします。タイミングチャートにおいて，入力 D が初めて 1 に立ち上がった時は，クロック CK が 1 になっており，立ち下がりの瞬間ではないため，FF は動作しません。入力 D が 1 で，かつクロック CK が立ち下がる瞬間に出力 Q が 1 にセットされます。出力 $\overline{Q}$ は，Q が反転した状態になります。

解答

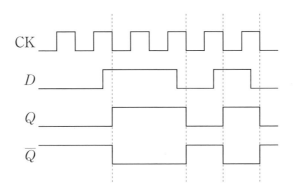

例題 2

次に示す T-FF のタイミングチャートを完成せよ。

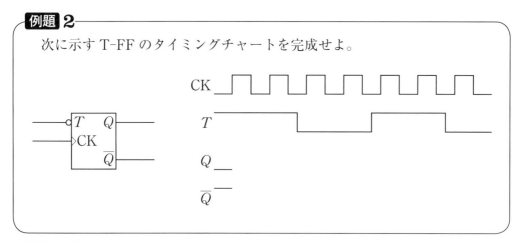

解き方

　この T-FF は，ポジティブエッジ型のクロック端子を持っています。このため，クロック CK の立ち上がり時に，ラッチしているデータを反転する動作をします。ただし，入力 T は負論理なので，入力 T が 0 のときだけ動作することが可能です。つまり，入力 T が 1 の時には例え有効なクロック CK が入力されても動作しません。タイミングチャートにおいて，クロック CK のはじめの 2 回の立ち下がり時には，入力 T が 1 なので，FF が動作しないことに注意してください。出力 $\overline{Q}$ は，Q が反転した状態になります。

解答

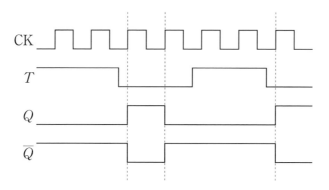

4.3 D-FFとT-FF

例題 3

次に示すのは，セット端子Sをもった D-FF である。このD-FFのタイミングチャートを完成せよ。ただし，セット端子Sに与えたデータは，クロックとは非同期に有効になることとする。

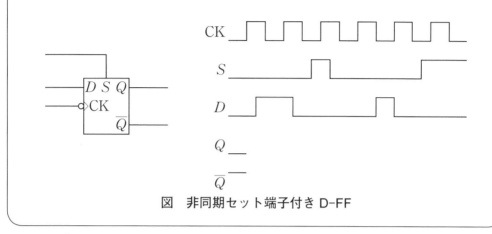

図　非同期セット端子付き D-FF

解き方

基本的な D-FF に，セット端子Sが付いた FF の動作に関する例題です。このようなセット端子Sは，クロックと同期して動作する型と非同期に動作する型がありますが，図記号からは区別できません。この例題では，非同期型のセット端子Sであることが示されているため，端子Sに有効な信号（この例題では正論理なので1）が入力されれば，クロックとは無関係に即座にラッチデータが1にセットされます。同期型のセット端子をもったFFの場合は，端子Sに有効な信号が入力され，かつ有効クロックが入力された場合にセット動作が起こります。

解答

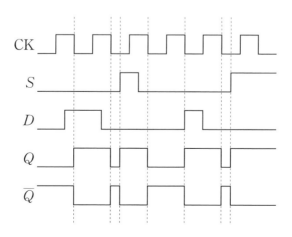

練習問題 18

1 次に示す D-FF の特性表の ① ～ ⑥ を答えよ。

D	Q^{t+1}	$\overline{Q^{t+1}}$	動作
0	①	②	⑤
1	③	④	⑥

2 次に示す JK-FF のタイミングチャートを完成せよ。ただし，リセット端子 R に与えたデータは，クロックと同期して有効になることとする。

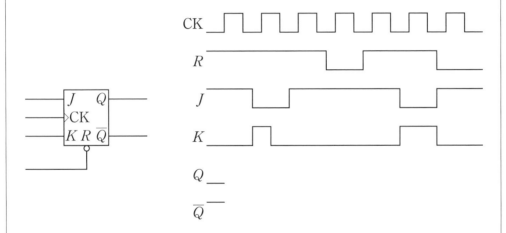

3 次の回路は何型の FF として動作するか答えよ。

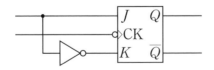

5章

順序回路

　順序回路では，入力データに加えて，その時に回路が記憶しているデータの値によって出力データが決まります。例えば，整数を0，1，2，3，4，……と数える場合を考えましょう。3と数えるためには，その直前が2であったと知っていることが必要です。つまり，直前の数を記憶していないと数を数えることはできません。ディジタル回路で構成するカウンタでも同様に，順序回路の記憶機能を利用して動作させることが必要です。

　本章では，順序回路の構成例として，データをフリップフロップ（FF）に記憶させながら移動させていくシフトレジスタついて説明します。また，多くの回路で活用されている，数を数えるカウンタについても理解しましょう。

5章 順序回路
5.1 レジスタとシフトレジスタ

キーワード
レジスタ　データ保持　シフトレジスタ　遅延

ポイント

(1) レジスタ

レジスタ (register) とはデータを蓄える働きを持っています。図に 4 ビットのレジスタを示します。4 個の D-FF より構成され，クロックの入力時に D_0〜D_3 に与えられているデータを取り込み Q_0〜Q_3 に出力します。次のクロックの入力までデータは保持されます。

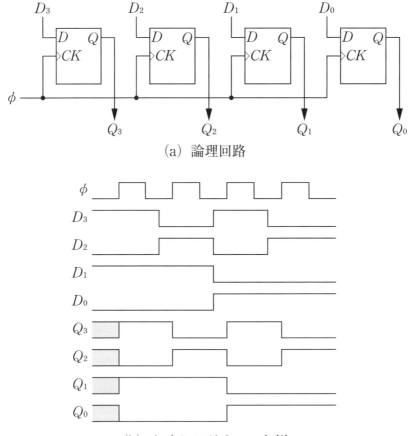

(a) 論理回路

(b) タイミングチャート例

図 5-1　レジスタ

(2) シフトレジスタ

シフトレジスタ（shift register）は，レジスタの全てのビットのデータをクロックの入力によって隣のレジスタにシフト（移動）させる働きを持っています。図に 4 ビットのシフトレジスタを示します。クロック ϕ の入力ごとにデータが $D \rightarrow Q_3$, $Q_3 \rightarrow Q_2$, $Q_2 \rightarrow Q_1$, $Q_1 \rightarrow Q_0$ とシフトします。

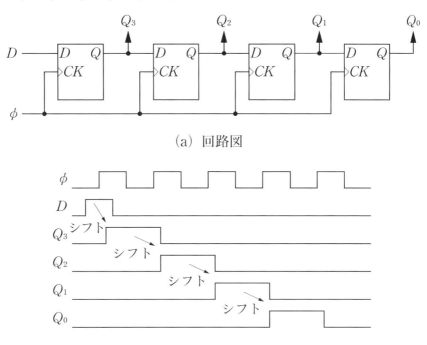

(a) 回路図

(b) タイミングチャート例（初期値を $Q_3 \sim Q_0 = 0$）

図 5-2　シフトレジスタ

シフトレジスタは，前の段の D-FF の入力を次の段の入力としているため，実動作を考える場合は，クロック入力とデータ出力との遅延を考慮する必要があります。このため，実動作のタイミングチャートを作成する際には，図のようにクロックの入力に対して出力が少し遅れます。

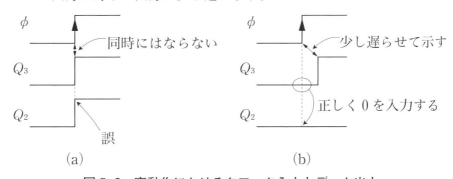

図 5-3　実動作におけるクロック入力とデータ出力

図の3ビットシフトレジスタに関する実動作のタイミングチャートを完成せよ。ただし，出力 A_2, A_1, A_0 はいずれも 0 とする。

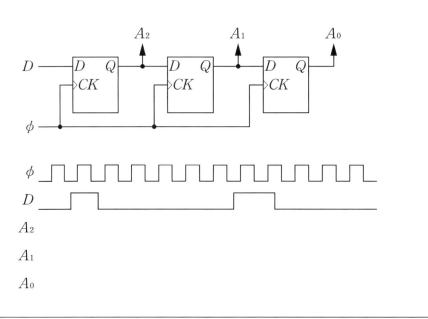

解き方

個々の D-FF の入力に注目します。1段目の FF では，入力 D をクロックのタイミングで A_2 に出力します。2段目の出力 A_1 は A_2 を入力，3段目の出力 A_0 は A_1 を入力として考えます。出力を描くときは，実動作における遅延を考慮して，クロック入力から少し遅らせて出力を示します。

解答

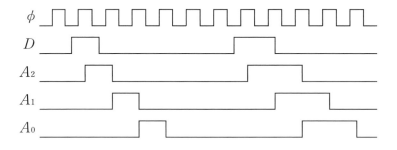

例題 2

図のシフトレジスタは，8 桁の 2 進数を扱うものである。回路を参照して次の(1)〜(2)の問に答えよ。

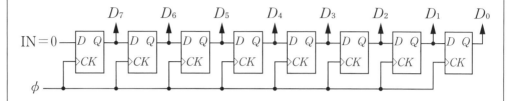

(1) クロックの入力回数に対する出力状態を次の表に示せ。

シフト回数	$(D_7D_6D_5D_4D_3D_2D_1D_0)_2$	→10進数
0	1 1 0 0 1 1 0 1	205
1		
2		
3		
4		
5		
6		
7		
8		

(2) クロックが 1 回入力されるたびに 2 進数 $(D_7D_6D_5D_4D_3D_2D_1D_0)_2$ の値はどのように変化するか。

解き方

(1) クロックの入力の度に左側の FF から右隣の FF へデータがシフトします。
(2) 作成した表の 2 進数を 10 進数に直して考えます。

解答

(1)

シフト回数	$(D_7D_6D_5D_4D_3D_2D_1D_0)_2$	→10進数
0	1 1 0 0 1 1 0 1	205
1	0 1 1 0 0 1 1 0	102
2	0 0 1 1 0 0 1 1	51
3	0 0 0 1 1 0 0 1	25
4	0 0 0 0 1 1 0 0	12
5	0 0 0 0 0 1 1 0	6
6	0 0 0 0 0 0 1 1	3
7	0 0 0 0 0 0 0 1	1
8	0 0 0 0 0 0 0 0	0

⑵　2 進数 $(D_7 D_6 D_5 D_4 D_3 D_2 D_1 D_0)_2$ の値は 10 進数で考えると，シフトするたびに $205 \rightarrow 102 \rightarrow 51 \rightarrow 25 \rightarrow 12 \rightarrow 6 \rightarrow 3 \rightarrow 1$ となる。すなわち 1 回のシフトで $\dfrac{1}{2}$ になる。

練習問題 19

1 図の3ビットシフトレジスタに関する実動作のタイミングチャートを完成せよ。ただし，出力 A_2, A_1, A_0 はいずれも初期値＝0とする。

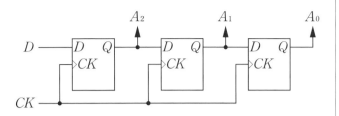

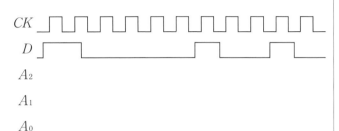

2 図のシフトレジスタは，制御入力 SL が0のときはデータ D_3, D_2, D_1, D_0 に与えられている値を各FFに取り込む（ロードする）。SL が1のときはシフト動作を行う。実動作のタイミングチャートを完成して動作を確認せよ。

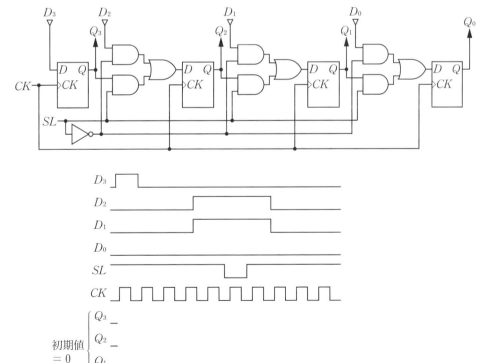

5.2 非同期式カウンタ

5章 順序回路

キーワード

カウンタ　アップカウンタ　ダウンカウンタ　同期式カウンタ
非同期式カウンタ

ポイント

(1) カウンタとは

カウンタ（counter）とはクロックの入力回数を数える働きを持っています。クロックの入力のたびに数を増やすものをアップカウンタ（up-counter），数を減らすものをダウンカウンタ（down-counter）といいます。カウンタを構成する全てのFFが共通のクロックに同期して働くものを同期式カウンタ（synchronous counter），そうでないものを非同期式カウンタ（asynchronous counter）といいます。

(2) アップカウンタ

図に4ビットの非同期式アップカウンタを示します。このカウンタは，D-FFの全てのクロックが共通になっていません。したがって非同期式のカウンタであ

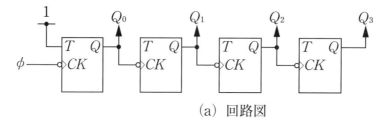

(a) 回路図

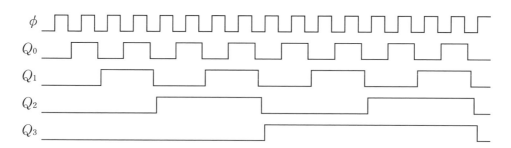

(b) タイミングチャート例

図 5-4　非同期式アップカウンタ

ることがわかります。このカウンタの動作をタイミングチャートで確認してください。ただし，本書でカウンタのタイミングチャートを示す場合，前節（139ページ）で説明したように，実時間を考えた図を用います。

(3) ダウンカウンタ

図に4ビットの非同期式ダウンカウンタを示します。クロックϕの入力の度にカウントダウンします。

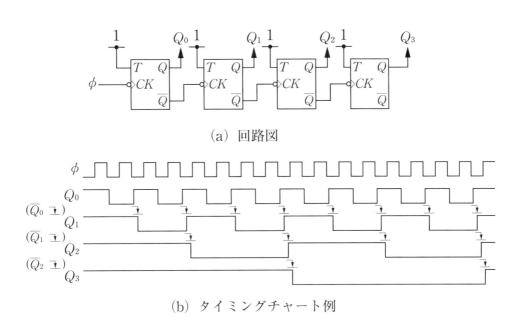

(a) 回路図

(b) タイミングチャート例

図5-5 非同期式ダウンカウンタ

例題 1

図のカウンタのタイミングチャートを完成させた後，クロックの入力回数 ①〜⑧ に対応する 2 進出力 ($A_2A_1A_0$)，及び 10 進数に変換した値を表に示せ。また，このカウンタの名称を答えよ。

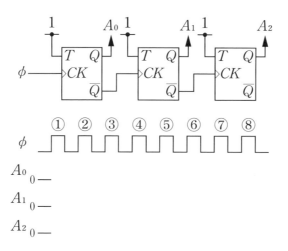

クロック		①	②	③	④	⑤	⑥	⑦	⑧
$(A_2A_1A_0)_2$	000								
↓ 10 進数	0								

解き方

ポジティブエッジ型のクロック端子をもった T-FF を 3 個接続したカウンタです。初段の T-FF は，クロックの立ち上がり時に反転します。次段以降の T-FF は，前段の出力 $\overline{Q}$ をクロックとして動作します。このカウンタは，0 から 7 まで（8 種類の数）を繰り返してカウントします。このような回路を 8 進カウンタといいます。

解答

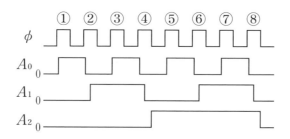

クロック		①	②	③	④	⑤	⑥	⑦	⑧
$(A_2A_1A_0)_2$	000	001	010	011	100	101	110	111	000
↓ 10進数	0	1	2	3	4	5	6	7	0

例題 2

図のカウンタのタイミングチャートを完成させた後，クロックの入力回数①〜⑧に対応する2進出力 $(A_3A_2A_1A_0)_2$ および10進数に変換した値を表に示せ。

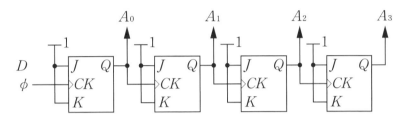

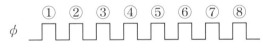

A_0 0—
A_1 0—
A_2 1—
A_3 1—

クロック		①	②	③	④	⑤	⑥	⑦	⑧
$(A_3A_2A_1A_0)_2$	1100								
↓ 10進数	12								

解き方

JK-FF の入力は $J=1$, $K=1$ なので，T-FF として働きます。また，クロックがポジティブエッジ型なので，クロックの立ち上がりで動作します。

タイミングチャートと表を次頁図に示す。このカウンタはダウンカウンタであることが分かります。

解答

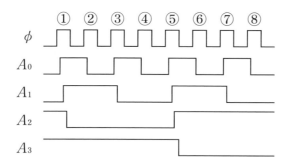

クロック $(A_3A_2A_1A_0)_2$ ↓ 10進数		①	②	③	④	⑤	⑥	⑦	⑧
$(A_3A_2A_1A_0)_2$	1100	1011	1010	1001	1000	0111	0110	0101	0100
10進数	12	11	10	9	8	7	6	5	4

練習問題 20

1 図のカウンタのタイミングチャートを完成せよ。また，このカウンタの動作を述べよ。

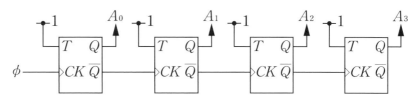

初期値 = 0
$\begin{cases} A_0 \\ A_1 \\ A_2 \\ A_3 \end{cases}$

2 図のカウンタのタイミングチャートを完成せよ。また，このカウンタの動作を述べよ。ただし，T-FFの入力 R は，非同期リセット端子である。

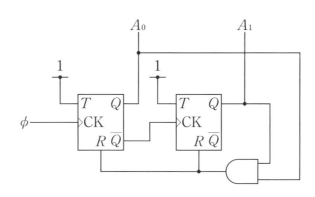

初期値 = 0 $\begin{cases} A_0 \\ A_1 \end{cases}$

5.3 同期式カウンタ

5章 順序回路

キーワード
非同期式　同期式　クロック　2^n進カウンタ　n進カウンタ　特性表
リセット　ジョンソンカウンタ　分周回路

ポイント

(1) カウンタにおける FF の動作

非同期式カウンタは，前段から後段へと信号が順次伝達されるのに伴って，各 FF が順次動作しました．一方，同期式カウンタは，すべての FF のクロック入力が共通に接続されています．このため，同じクロック信号ですべての FF が一斉に動作します．

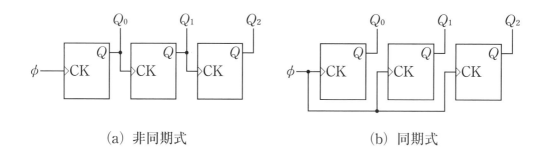

(a) 非同期式　　　　　　　　(b) 同期式

図 5-6　クロック端子の接続

(2) 同期式 2^n 進カウンタ

n を整数として，n 種類のデータを繰り返し出力するカウンタを，n 進カウンタといいます．2 進，4 進，8 進，16 進など 2^n で表される同期式カウンタは，比較的容易に構成できます．8 進カウンタの特性表をみながら考えましょう．最前段の出力 Q_0 は，有効なクロック毎に反転を繰り返しています．また，出力 Q_1 が反転するのは，前段の Q_0 が 1 になった次のタイミングです．さらに，出力 Q_2 が反転するのは，前段の Q_0 と Q_1 が 1 になった次のタイミングです．このような関係は，2^n 進のアップカウンタすべてに当てはまります．

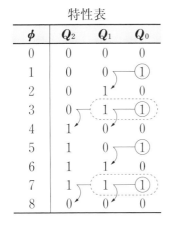
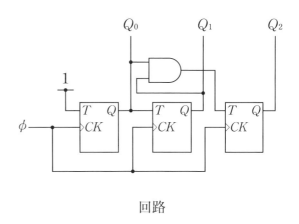

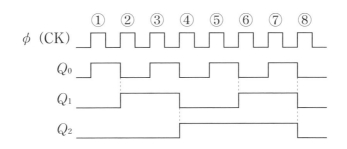

タイミングチャート

図 5-7　同期式 8 進カウンタ

(3) 同期式 n 進カウンタ

3進，5進，7進など，2^n 進でない任意の n 進カウンタの場合は，適切な動作時点ですべての FF をリセットして初期状態に戻す工夫が必要になります。例えば，同期式 3 進カウンタでは，2 個目のクロックによって出力 Q_1 が 1，出力 Q_0 が 0 になった次のタイミングである 3 個目のクロック時に 2 個の FF をリセットするように回路を構成します。

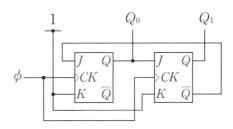

図 5-8a　同期式 3 進カウンタ

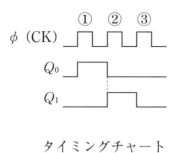

タイミングチャート

図 5-8b 同期式 3 進カウンタ

例題 1

図のカウンタのタイミングチャートを完成せよ。

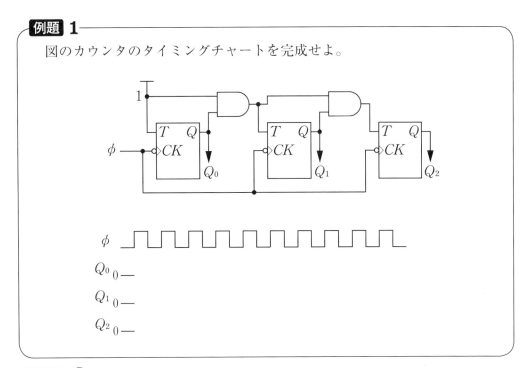

解き方

回路図の左から見て，1段目の T-FF の出力 Q_0 はクロック ϕ の立ち下がりで反転します。2段目の T-FF の入力は，Q_0 と 1 との AND なので，Q_0 となります。この値が 1 のときのみ反転します。3段目の T-FF は，Q_1 と前段の AND 出力との AND となります。したがって Q_1 と Q_0 の AND を入力とし，値が 1 のときのみ反転します。波形を描くときは，クロックと出力の遅延を考慮して書きます。また，各 FF の入力をタイミングチャートに追加して記入します。この回路は同期式回路なので，全ての FF の動作はクロック ϕ に同期します。

解答

タイミングチャートを下図に示します。このカウンタは $(0000)_2$ から $(1111)_2$ までをカウントアップすることが分かります。

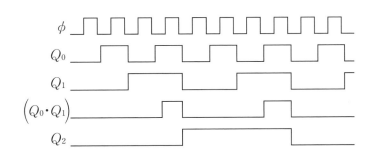

例題 2

次の同期式 16 進アップカウンタの回路を完成せよ。

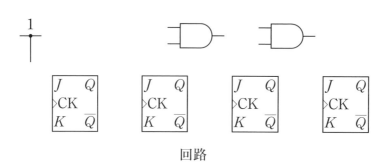

回路

解き方

同期式 16 進アップカウンタの特性表をみながら考えましょう。出力 Q_0 は，反転を繰り返します。次段の出力 Q_1 が反転するのは，前段の出力 Q_0 が 1 になった次のタイミングです。また，出力 Q_2 が反転するのは，前段までの出力 Q がすべて 1 になった次のタイミングです。この条件を満たすように 4 個の JK-FF と 2 個の AND を用いて回路を構成します。2^n 進カウンタを構成するには，FF が最低 n 個必要になります。

解答

特性表

ϕ	Q_3	Q_2	Q_1	Q_0
0	0	0	0	0
1	0	0	0	1
2	0	0	1	0
3	0	0	1	1
4	0	1	0	0
5	0	1	0	1
6	0	1	1	0
7	0	1	1	1
8	1	0	0	0
9	1	0	0	1
10	1	0	1	0
11	1	0	1	1
12	1	1	0	0
13	1	1	0	1
14	1	1	1	0
15	1	1	1	1

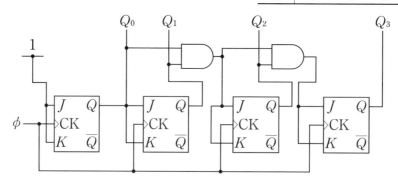

回路

例題 3

次に示す回路が，同期式 5 進アップカウンタとして動作することを確認せよ。

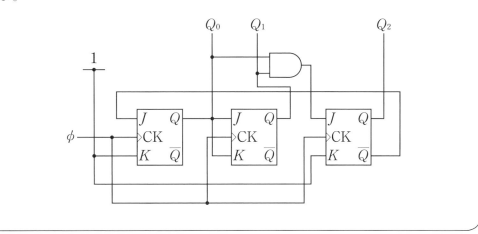

解き方

JK-FF を使ったカウンタです。特性表とタイミングチャートをみながら考えましょう。同期式 5 進カウンタなので，出力 $Q_2Q_1Q_0$ は，000，001，010，011，100 の 5 パターンを繰り返して出力します。つまり，出力 $Q_2Q_1Q_0$ が 100 になった次のクロックに同期して，すべての FF がリセットされて初期状態に戻ります。

解答

特性表

ϕ	Q_2	Q_1	Q_0
0	0	0	0
1	0	0	1
2	0	1	0
3	0	1	1
4	1	0	0
5	0	0	0

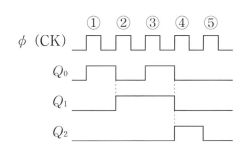

タイミングチャート

練習問題 21

1 次に示すのは，ジョンソンカウンタ（Johnson counter）とよばれる回路である。このカウンタのタイミングチャートを完成せよ。また，出力の遷移を 2 進数で示せ。

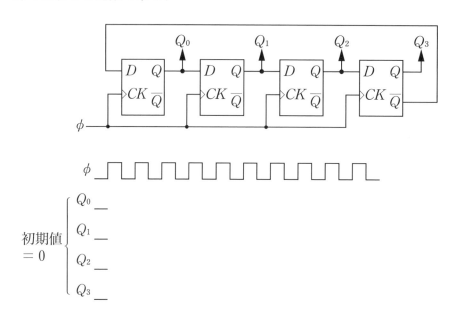

2 次に示すように，10 進数カウンタに，周波数 10 kHz のクロックを入力した場合，出力 Q_D からはどのような信号が出力されるか答えよ。このような回路は，分周回路（divider circuit）とよばれる。

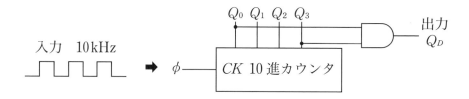

Q&A 5 クロック信号

Q 同期式のフリップフロップやカウンタは，クロック信号に同期して動作することを学びました。実際のクロック信号は，どのように用意するのでしょうか？

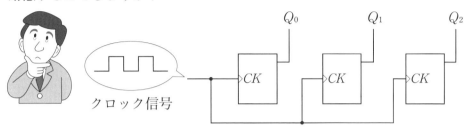

図1　同期式カウンタのクロック信号

A ディジタル回路のクロック信号には，方形波が使われることが多いです。1周期分の波形が現れるのに要する時間を周期 $T\,[\mathrm{s}]$，1秒間に現れる周期の回数を周波数 $f\,[\mathrm{Hz}]$ といいます。

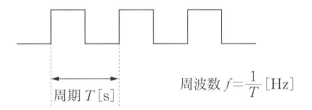

$$f = \frac{1}{T}\,[\mathrm{Hz}]$$

図2　方形波

　時間が経過したり，周囲温度が変化したりしても変動の少ない高精度のクロック信号が必要なときは，水晶振動子（crystal oscillator）とよばれる電子部品を使用した発振回路（oscillation circuit）が用いられます。一方，高い安定度や精度が要求されない場合は，非安定マルチバイブレータ（astable multivibrator）とよばれる回路などを使用することができます。下記の回路は，いずれもコンデンサの充放電作用を利用して，一定時間で変化する方形波を出力します。

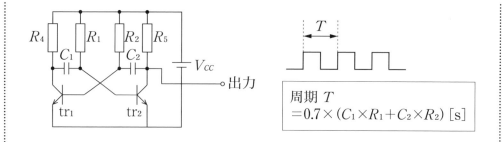

図3 トランジスタを用いた非安定マルチバイブレータ

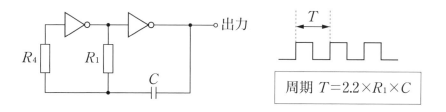

図4 NOTを用いた非安定マルチバイブレータ

　第4章で学んだフリップフロップ（FF）は，出力Qが0または1の状態を保持できる回路です。つまり，FFは，2つの状態のどちらかで安定していることができます。このため，双安定マルチバイブレータ（bistable multivibrator）ともよばれます。一方，ここで説明した非安定マルチバイブレータは，出力が0また1のどちらかで安定することができず，双方の出力状態を自動的に繰り返す動作をします。

　クロック信号を用いない非同期式カウンタは，複数のFFが順次動作していくため，結果を得るのにすべてのFFの動作が終了するまで待たなくてはなりません。また，ディジタル回路は，動作中に雑音（noize）などの信号が混入してしまうと誤動作する可能性が高くなります。この点において，動作時間の長い非同期式カウンタは，不利になります。しかし，同期式カウンタは，同じクロック信号に同期してすべてのFFが一斉に動作するため，一瞬で結果を得ることができます。また，動作時間が一瞬なので，雑音などの影響を受ける可能性も低くなります。このため，多くの実用回路には，同期式が採用されています。

コラム　EMC 試験の必要性

アンリツ株式会社　商品開発部
阿部高也

市販される製品には各メーカーで定めた性能以外にも，法令で定められた性能があります。法令では，試験の測定環境や手順，満たすべき規格値が定められています。その中にEMC : electromagnetic compatibility 試験と呼ばれる試験があります。

● EMC 試験の内容

EMC 試験は機器に対する電磁的な影響に対する耐性を評価する EMS : electromagnetic susceptibility と呼ばれる試験と電磁的な影響を他の機器に与えない事を評価する EMI : electromagnetic interference 試験に大別されます。EMS 試験では，装置への電波の放射や，電源の電圧変動や，静電気を筐体に印加したりして，影響がないことを確認します。EMI 試験では，装置から発生する電磁波や電源ラインに漏れるノイズが基準値以下であることを確認します。

● よくあるトラブル①：機器の外への電磁波漏れ

器機には放熱のために通気口を設けますが，ここから電磁波が漏れだすことがあります。理想的には，まったく穴の開いていない金属で囲まれたケースに収め，そのケースをGND 電位にしていれば電磁波が器機外に漏れることは少ないですが，放熱の事を考えると現実的ではありません。電波が漏れださずに放熱ができる筐体設計が必要になります。通気口以外にも，器機のコネクタやフレームのつなぎ目から電磁波が漏れだすことがあります。これらは，ガスケットと呼ばれる導電性のスポンジ状の素材や金属の板バネのようなもので隙間を埋めたりします。そうすることで，筐体の金属部品間で GND 電位が保たれ，筐体外に漏れる電磁波を少なくすることが出来ます。

● よくあるトラブル②：静電気による誤作動

筐体の電位を GND に保つことは非常に重要で，これが良くないと他にも問題が発生します。例えば，静電気印可試験で問題が発生する場合があります。静電気印可試験は静電気シミュレータという装置で，人工的に静電気を発生させて筐体に放電します。通常は筐体内の回路基板を筐体にねじ止めし，回路上の GND 電位と筐体の GND 電位が等しくなるようにしていますが，静電気が印可された箇所は一瞬だけ電位が上昇します。この時，回路基板が取り付けられたフレームの GND 電位への電気抵抗が高いと，電気回路のGND 電位が変動して，電気回路が誤動作する場合があります。これを防ぐためには，金属製のワイヤーで筐体のフレーム間を接続し GND 電位との電気抵抗を少なくします。こ

159

れにより，静電気が印可された箇所の電位の上昇を少なくします。このような，筐体の電位と AC コンセントの GND と筐体の電気抵抗を少なくすることを，GND を強化すると言っています。

●よくあるトラブル③：電源からのノイズ

　EMC 試験では，AC コンセントからノイズが流れ込むことを想定した試験もあります。電源ラインから，ノイズが流れ込むと器機が正常に動作しなくなる場合があります。これらを防ぐには電源ラインへのノイズフィルタの挿入や，ノイズに強い電源回路の設計を行います。稀に，電源ノイズの対策をしていても，本番の試験で問題が発生することがあります。その場合，フェライトでできた磁性体で，円筒状になっているフェライトコアという部品を使用します。このフェライトコアの穴にケーブルを通すことで，高周波成分を少なくして，電源回路にノイズが流れ込まないようにします。AC アダプタなどのケーブルに膨らんだ箇所がある場合，そこにはフェライトコアが使用されており，ケーブルに流れる不要な高周波成分を除去する働きをしています。

　以上の様に，EMC 試験を行い法令で決められた基準を満たすためには，電気回路だけではなく装置全体を考慮した設計が必要になります。

6章 アナログ／ディジタル変換

　ディジタル回路は，文字通り，ディジタル信号を処理する回路です。現在では，コンピュータなどに代表されるディジタル回路によって，様々なデータ処理がなされています。一方，私たち人間や，人間が暮らす自然環境において，ディジタル信号はほとんど見当たりません。人間が知覚する画像（明るさ，色）や音はアナログ信号です。また，温度や湿度はアナログ的に変化します。したがって，私たちの身近にあるアナログ信号をコンピュータで処理するためには，ディジタル信号に変換することが必要になります。

　本章では，アナログ信号をディジタル信号に変換するA/D変換，及びその逆の処理であるD/A変換の基礎について説明します。

6章 アナログ／ディジタル変換
6.1 A/D 変換

キーワード

アナログ信号　連続　ディジタル信号　離散　A/D 変換　標本化
サンプリング　標本化周期　標本化周波数　標本化誤差　量子化
量子化誤差　符号化

ポイント

(1) A/D 変換の流れ

アナログ信号をディジタル信号に変換することをアナログ／ディジタル変換（analog-to-digital conversion）といいます。アナログ／ディジタル変換は，その頭文字をとって A/D 変換とも呼ばれます。A/D 変換では，アナログ信号を (1)標本化（encoding），(2)量子化（sampling），(3)符号化（quantization）の順でディジタル信号に変換します。

(2) 標本化

標本化（サンプリング）とは，図のようにアナログ信号を一定の間隔で抜き出すことです。標本化されたアナログ信号は，時間的には離散（不連続）値となりますが，大きさはまだ連続したアナログ値です。標本化における抜き出し間隔を標本化周期 t_s といい，標本化周期 t_s の逆数 $f_s = \dfrac{1}{t_s}$ は標本化周波数（sampling frequency）と呼ばれ，1秒間に標本化されるサンプル数を示します。標本化による誤差を標本化誤差といいます。標本化周波数 f_s を高くする，すなわち標本化周期 t_s を短くするほど標本化誤差は小さくなります。

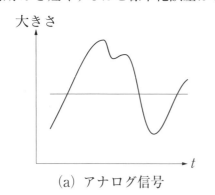
(a) アナログ信号

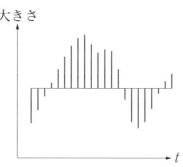
(b) 標本化されたアナログ信号

図6-1　標本化

(3) 量子化

量子化とは，標本化されたアナログ信号量を適当な桁の数字に丸めることです。図の例では，小数点が切り捨てられています。したがって，量子化後の値に誤差が生じることになります。この量子化による誤差を量子化誤差といいます。

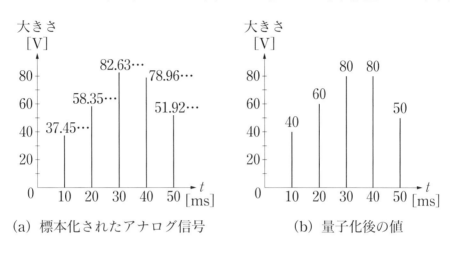

(a) 標本化されたアナログ信号　　(b) 量子化後の値

図 6-2　量子化

量子化の結果，表に示すように時間，大きさともに離散値で示されます。

表 6-1　標本化と量子化の結果

時間 [ms]	10	20	30	40	50
大きさ [V]	40	60	80	80	50

(4) 符号化

表 6-1 の標本化および量子化の結果として得られたデータを 2 進数に変換することを符号化といいます。符号化されたデータは，ディジタル信号として扱うことができます。

表 6-2　符号化されたデータ

時間 [ms]	10	20	30	40	50
大きさ [V]	$(101000)_2$	$(111100)_2$	$(1010000)_2$	$(1010000)_2$	$(110010)_2$

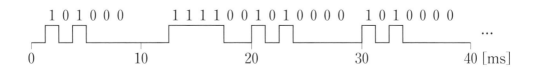

図 6-3　ディジタル信号

例題 1

図のアナログ信号を標本化周波数 5 kHz で標本化したときの波形を示せ。ただし，最初の標本点を 0 s とする。

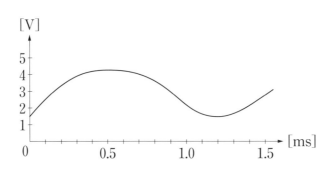

解き方

標本化周波数 f_s [Hz] より標本化周期 $t_s = \dfrac{1}{f_s}$ [s] を求め，最初の標本点 0 s から t_s [s] ごとに標本化を行います。

解答

標本化周期　$t_s = \dfrac{1}{f_s} = \dfrac{1}{5 \times 10^3} = 0.0002\,\mathrm{s} = 0.2\,\mathrm{ms}$

この標本化周期を用いて標本化した結果を下図に示します。

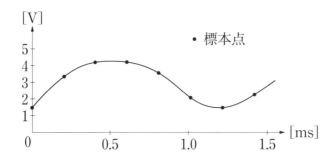

例題 2

4桁のディジタル出力を持つA/D変換回路において，量子化，符号化を行ってアナログをディジタル変換する場合，量子化誤差は最大でどのくらいになるか。ただし，標本化時の電圧入力値とディジタル出力値との関係は表に示すとおりである。

電圧入力値 [V]	b_3	b_2	b_1	b_0
0.0	0	0	0	0
0.1	0	0	0	1
0.2	0	0	1	0
0.3	0	0	1	1
0.4	0	1	0	0
0.5	0	1	0	1
0.6	0	1	1	0
0.7	0	1	1	1
0.8	1	0	0	0
0.9	1	0	0	1
1.0	1	0	1	0
1.1	1	0	1	1
1.2	1	1	0	0
1.3	1	1	0	1
1.4	1	1	1	0
1.5	1	1	1	1

解き方

アナログ入力とディジタル出力の関係を理想的な場合と量子化された場合についてグラフに示し，誤差の最大値を求めます。

解答

図より量子化誤差の最大は，0.05 V です。

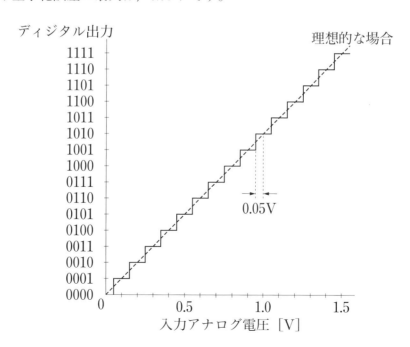

例題 3

図のアナログ電圧波形を，以下の条件に従ってディジタル値に変換せよ。

〔A/D変換の条件〕
(1) 標本化周期を 1 ms とする。
(2) 標本化は 5 ms から開始する。
(3) 量子化は標本化された値を四捨五入して整数値とする。
(4) 符号化は右の表に従う。

アナログ電圧 [V]	ディジタル出力値 b_3	b_2	b_1	b_0
−5	0	0	0	0
−4	0	0	0	1
−3	0	0	1	0
−2	0	0	1	1
−1	0	1	0	0
0	0	1	0	1
1	0	1	1	0
2	0	1	1	1
3	1	0	0	0
4	1	0	0	1
5	1	0	1	0
6	1	0	1	1
7	1	1	0	0
8	1	1	0	1
9	1	1	1	0
10	1	1	1	1

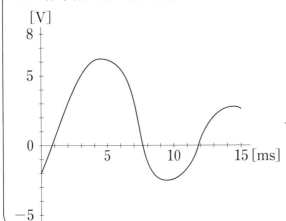

解き方

標本化，量子化，符号化の順で A/D 変換を行います。

解答

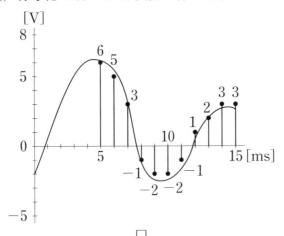

⇩

標本点 [ms]	5	6	7	8	9	10	11	12	13	14	15
量子化値 [V]	6	5	3	−1	−2	−1	−1	1	2	3	3
符号	1011	1010	1000	0100	0011	0011	0100	0110	0111	1000	1000

1 アナログ／ディジタル変換に関する次の(1)〜(4)の問いに答えよ。

(1) 標本化周期 $t_s = 10\,\text{ms}$ の場合の標本化周波数 f_s を求めよ。

(2) 標本化周波数 $f_s = 2\,\text{MHz}$ の場合の標本化周期 t_s を求めよ。

(3) 標本化時の誤差である標本化誤差を少なくするためには，標本化周波数 f_s をどのようにすればよいか。

(4) 量子化時の誤差である量子化誤差を少なくするためには，量子化時にどのようにすればよいか。

2 図のアナログ信号に対して，次の(1)〜(3)を実施せよ。

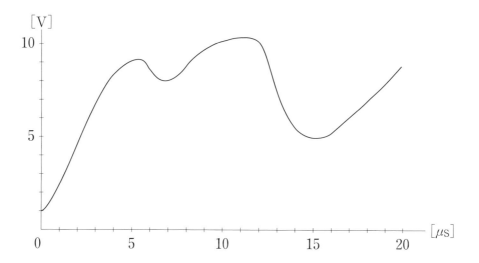

(1) 時刻軸 0 s より標本化周期 $t_s = 2\,\mu\text{s}$ で標本化を行え。

(2) 標本化した値を整数に四捨五入して量子化せよ。

(3) 量子化した値を 4 桁の 2 進数に符号化せよ。

Q&A 6 標本化定理

Q アナログ信号をディジタル信号に変換するために標本化（サンプリング）する際，標本化周波数（標本化の間隔）を高くするほど誤差が少なくなることを学びました。では，標本化周波数の値は，どのように決めればよいのでしょうか？

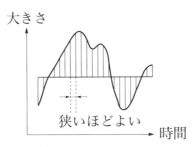

図1　標本化の間隔

A 先ずは，標本化周波数を極めて低くした場合の例をみてみましょう。図(a)に示したアナログ信号に対して5点だけで標本化した場合，この5点を使って元のアナログ信号を再現しようとすると図(b)のようになってしまいます。つまり，この5点だけでは，元のアナログ信号を再現するための情報が不足しています。このように，元の信号とは異なる波形が得られてしまう現象をエイリアス（alias）といいます。

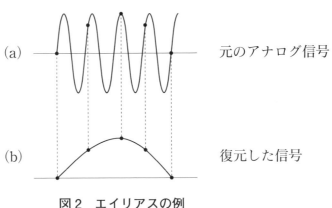

図2　エイリアスの例

標本化周波数が高いほど精度のよい標本化を行えます。しかし，「高いほどよい」といっても，実際の値を設定するときには一定の指標が必要になります。このときの指標として，標本化定理（sampling theorem）が使えます。

どのようなアナログ信号も，いくつかの周波数成分に分解して考えることができます。これを周波数分解（frequency resolution）といいます。

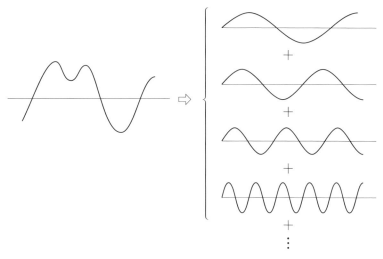

図3　周波数分解

標本化定理によると，元のアナログ信号が含んでいる周波数成分のうち，最も高い周波数の2倍以上の周波数で標本化を行えば，元のアナログ信号を完全に再現できます。この定理は，現在の信号処理技術に不可欠な理論として定着しています。

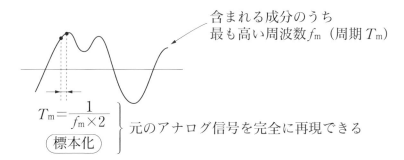

図4　標本化定理

標本化定理は，1949年にアメリカのクロード・シャノンが証明しました。この業績のため，シャノンは情報理論の父ともよばれています。また同じ頃に，日本の染谷勲が，シャノンとは別に標本化定理を証明していました。これにより，標本化定理は，シャノン・染谷の定理とよばれることもあります。

6.2 D/A変換

6章 アナログ／ディジタル変換

キーワード
D/A変換　復号化　補間　D/Aコンバータ
重み抵抗型D/Aコンバータ　はしご型D/Aコンバータ

ポイント

(1) D/A変換の流れ
ディジタル信号をアナログ信号に変換することをディジタル／アナログ変換（digital-to-analog conversion）といいます。ディジタル／アナログ変換は，その頭文字をとってD/A変換とも呼ばれます。D/A変換では，2進数で示されるディジタル信号を復号化（decode），補間（interpolation）の順にアナログ信号に変換します。

(2) 復号化
図6-4に復号化の回路（概念図）を示します。この回路は4桁の2進数（ディジタル信号）に対応するアナログ信号を出力するものです。たとえば2進数$(1001)_2$の場合は，最上位ビットに対応する8Aと最下位ビットに対応する1Aの電流源がスイッチによって接続されます。その結果，抵抗Rには$I=8+1=9$Aの電流が流れ，出力V_{OUT}は$V=IR=9\times 1=9$V（2進数$(1001)_2$の値）となります。

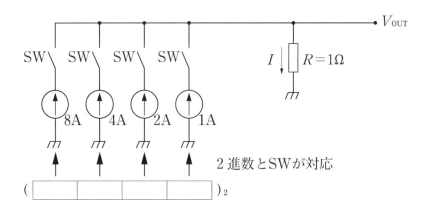

図6-4　復号化の回路（概念図）

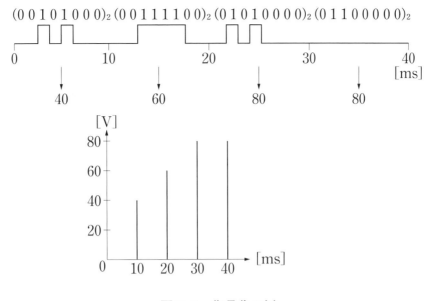

図 6-5　復号化の例

(3) 補間

補間とは，復号化された波形の隙間をフィルタなどの回路を用いて埋める処理です。

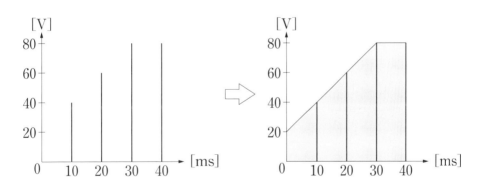

図 6-6　補間

(4) D/A コンバータ

D/A 変換を行う装置や素子を D/A コンバータ (D/A converter) といいます。図(a)に重み抵抗型 D/A コンバータの構成例を，図(b)にはしご型 D/A コンバータの構成例を示します。重み抵抗型 D/A コンバータでは，基準電圧と重み抵抗 R, $2R$, $4R$, $8R$ によって，重み電流 $8I$, $4I$, $2I$, I が作られています。使用する抵抗の種類が多くなることと各抵抗値に高い精度が要求されるなどの欠点があります。はしご型 D/A コンバータでは，使用する抵抗の種類が少なく，R と

$2R$ の抵抗比の精度が高ければ，抵抗値そのものの精度は要求されないという利点を持っています。

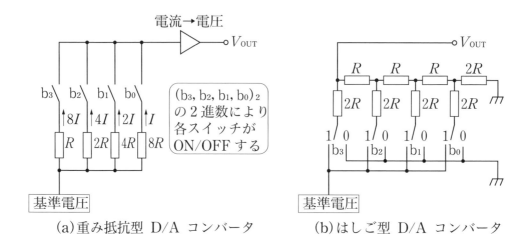

(a) 重み抵抗型 D/A コンバータ　　(b) はしご型 D/A コンバータ

図6-7　D/A コンバータの構成例

例題 1

表(a)に示すディジタル符号を復号化および補間してアナログ信号とし，グラフに示せ。ただし，復号化の際の変換は表(b)に従う。

時間 [ms]	符号
0	010
0.5	011
1.0	100
1.5	110
2.0	111
2.5	111
3.0	110
3.5	011
4.0	011
4.5	100
5.0	101

(a)

符号	アナログ値 [V]
000	0.2
001	0.4
010	0.8
011	1.0
100	1.2
101	1.4
110	1.6
111	1.8

(b)

解き方

まず，表(a)に示される符号を表(b)の変換表に従ってアナログデータに変換します。次に，横軸を時間，縦軸を電圧として棒グラフに示します。そして，棒グラフの隙間を補間して連続なアナログ信号とします。

解答

ディジタル値を復号化してアナログ値としたものを表に示します。表をグラフ化して補間したものを図に示します。

時間	符号	アナログ値
0	010	0.8
0.5	011	1.0
1.0	100	1.2
1.5	110	1.6
2.0	111	1.8
2.5	111	1.8
3.0	110	1.6
3.5	011	1.0
4.0	011	1.0
4.5	100	1.2
5.0	101	1.4

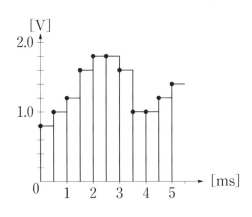

図のはしご形 D/A コンバータにおいて，入力 $b_3 b_2 b_1 b_0$ にディジタル信号 (1) 1000 および (2) 1100 を与えたときの出力電圧 V_{OUT} を求めよ。

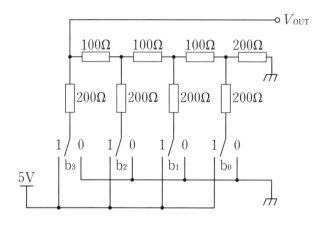

解き方

　入力ビットが 1 であるときは，図の左側にスイッチが ON，入力ビットが 0 であるときは，図の右側にスイッチが ON になります。このことより，(1) 1000 と (2) 1100 の状態を考えて回路網を解き，出力電圧 V_{OUT} を求めます。（下図参照）

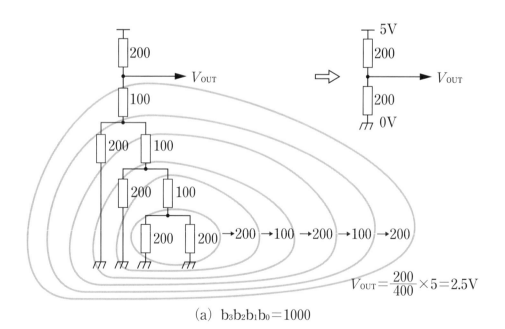

$$V_{OUT} = \frac{200}{400} \times 5 = 2.5 \text{V}$$

(a) $b_3 b_2 b_1 b_0 = 1000$

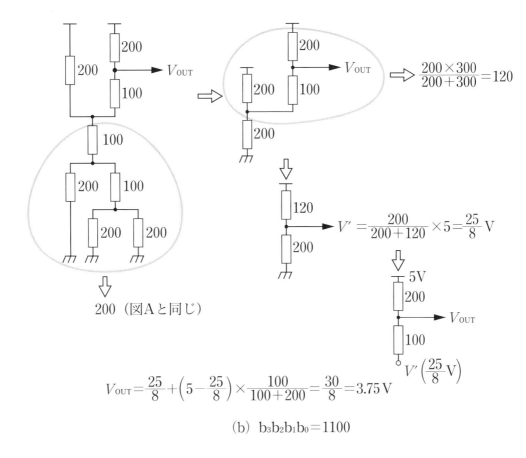

(b) b₃b₂b₁b₀=1100

解答

(1) 上図(a)より，$V_{OUT}=2.5\,\text{V}$ となっており，基準電圧の 5 V が 2 進数 1000=8 の重みで $\frac{8}{16}=\frac{1}{2}$ の 2.5 V として出力されていることが分かります。

(2) 上図(b)より，$V_{OUT}=3.75\,\text{V}$ となっており，基準電圧の 5 V が 2 進数 1100=12 の重みで $\frac{12}{16}=\frac{3}{4}$ の 3.75 V として出力されていることが分かります。

練習問題 23

1 表(a)に示すディジタル信号について，次の問いに答えよ。

(1) 表(b)を用いて復号化し，表(a)の①〜⑦を埋めよ。

時間 [μs]	符号	複合化した アナログ値 [mV]
0	011	①
0.1	001	②
0.2	011	③
0.3	011	④
0.4	001	⑤
0.5	101	⑥
0.6	101	⑦

(a)

符号	アナログ値 [mV]
000	0.5
001	0.6
010	0.7
011	0.8
100	0.9
101	1.0
110	1.1
111	1.2

(b)

(2) 復号化した結果を用い，補間したグラフを作成せよ。

2 図の重み付き D/A コンバータについて，$(b_3b_2b_1b_0)_2=(0001)_2$ と $(0101)_2$ を与えたとき，出力電圧 V_{OUT} を求めて比較せよ。ただし，電流 I から電圧 V_{OUT} への変換は $V_{OUT}=200I$ [V] とする。

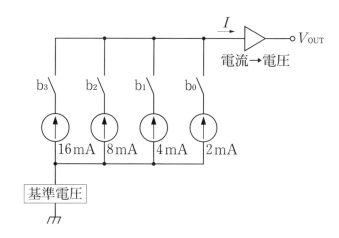

コラム ダイレクト・ディジタル・シンセサイザ（DDS）

電子機器の開発や試験などによく使用される計器のひとつにファンクション・ジェネレータ（function generator：略称 FG）があります．FG は，目的に応じた任意の正弦波や方形波などの信号を生成して出力する信号発生器です．アナログ方式の FG は，簡単な構成で実現できますが，出力する信号は基本的な波形に限定されます．一方，ディジタル方式の FG は，比較的複雑な構成をしていますが，多様な信号を生成して出力できる長所があります．

現在，高性能なディジタル方式の FG としては，ダイレクト・ディジタル・シンセサイザ（direct digital synthesizer：略称 DDS）が広く使われています．DDS は，日本語でディジタル直接合成発振器といわれます．DDS は，ディジタル方式によって，正弦波などのアナログ波形を生成するため，ディジタル回路とアナログ回路が混成した，いわばディジタル・アナログのハイブリッド回路（hybrid circuit）であるととらえることができます．

（株）エヌエフ回路設計ブロック
http://www.nfcorp.co.jp/pro/mi/sig/fg/wf1967_68/index.html

図1　DDS の外観例

DDS は，アドレス演算器，波形メモリ，D/A コンバータ，ローパスフィルタ（LPF）などによって構成されています．

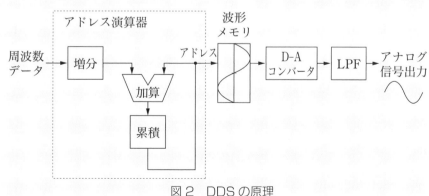

図2　DDS の原理

波形メモリには，1周期分の波形データが格納されており，アドレスは波形データの位相に対応しています。ここでいう位相とは，波形データの時間軸の位置と考えればよいでしょう。アドレス演算器は，水晶振動子などによって得た高精度な基準クロックに基づいて波形メモリのアドレスを参照するための出力値を増加していきます。ある一定の時間内に基準クロックによって読み出される波形データを考えましょう。アドレス演算器の出力値の増分が小さければ，波形データを読み込む時間間隔が小さくなり，1周期分の波形データの初めの部分しか参照できません。このため，位相の進みが遅い波形データとして取り出されます。反対に，アドレス演算器の出力値の増分が大きければ，波形データを読み込む時間間隔が大きくなり，よい広範囲の波形データが参照できます。このため，位相の進みが速い波形データとして取り出されます。1周期分の波形データ全てが読み出された場合には，アドレスが初期化されて，再び波形データの先頭から読み出しが開始されます。位相の速さの違いは，周波数の違いであると考えることができます。このように，DDSは周波数データによって増分を変化させることで，波形メモリから出力する信号の周波数を正確に制御します。

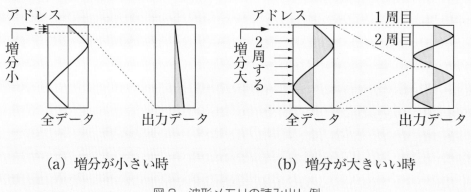

(a) 増分が小さい時　　　　(b) 増分が大きいい時

図3　波形メモリの読み出し例

　波形メモリの出力は，ディジタル信号ですから，D/A コンバータによってアナログ信号に変換します。そして，LPF によって，基準クロックの成分などを除去した滑らかなアナログ信号にします。また，波形メモリに書き込む波形データを変更することで，いろいろな種類の波形を出力できます。

　DDS を用いれば，広い周波数範囲の信号を高分解能で安定して生成できます。また，出力波形を瞬時に切り替えることも可能です。しかし，DDS は，スプリアス（spurious）とよばれる不要な周波数成分が生じやすいので，これが出力信号に混入しないような対策を施した設計が必要となります。

練習問題の解答

1章 2進数と論理回路

練習問題1

1 (1) $28700 \div 8 = 3587.5$ Byte
(2) $4 \times 10^6 \times 8 = 32 \times 10^6 = 32$ M bit
(3) $2^4 = 16$ 通り
(4) $2^8 = 256$ 通り

2 (1) 10分＝$10 \times 60 = 600$秒なので，$2 \times 10^6 \times 600 = 1200 \times 10^6$ bit，単位をByteに直して，$1200 \times 10^6 \div 8 = 150$ M Byte

(2) 1クロック当たりの周期 T は，
$T = \dfrac{1}{f} = \dfrac{1}{1 \times 10^6} = 1 \times 10^{-6}$ s，周期 T 当たり1 bitのデータを転送するので，10分（$10 \times 60 = 600$秒）間のデータ転送量は，$600 \div (1 \times 10^{-6}) = 600 \times 10^6$ bit，単位をByteに直して，$600 \times 10^6 \div 8 = 75$ M Byte

(3) 1秒当たりの必要データ転送量（bit）は，$(600 \times 10^9 \times 8) \div (5 \times 60) = 16$ G bit，したがって16 Gbps以上の転送速度が必要です。

3

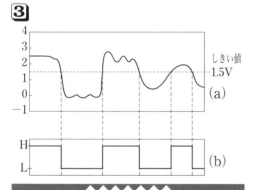

練習問題2

1 (1) $(11001)_2$
(2) $(101111)_2$
(3) $(11001000)_2$
(4) $(1011101110)_2$

2 (1) 14 (2) 57 (3) 204
(4) 31 (5) 231

3 (1) $(A)_{16}$ (2) $(2B)_{16}$
(3) $(49)_{16}$ (4) $(46)_{16}$
(5) $(FC3)_{16}$

4 (1) $(100)_2$ (2) $(10010)_2$
(3) $(10111)_2$ (4) $(1)_2$
(5) $(110)_2$ (6) $(1)_2$

練習問題3

1 $-32768 \sim +32767$

2 (1) 55
(2) -14
(3) 113
(4) -120
(5) -1

3 (1) 正しい
(2) 正しくない。
　$(1001\ 1111)_2 + (1010\ 0010)_2$ を10進数で表すと，$(-97)_{10} + (-94)_{10}$ となり，計算結果は $(-191)_{10}$ となります。この計算結果は，8ビットで表現できる範囲（$-128 \sim +127$）を超えます。このため，正しい計算結果を示すためには，ビット数を増やす必要があります。
(3) 正しくない。
　正しい計算結果は，$(1001\ 1100)_2 + (0010\ 0010)_2 = (1011\ 1110)_2$ となります。

4 (1) $(92)_{10}$
(2) $(657)_{10}$
(3) $(0.1)_{10}$

5 16ビット

練習問題 4

1

入力		出力
A	B	Y
0	0	0
0	1	1
1	0	1
1	1	1

2

入力			出力
A	B	C	Z
0	0	0	0
0	0	1	1
0	1	0	1
0	1	1	0
1	0	0	1
1	0	1	0
1	1	0	0
1	1	1	0

3

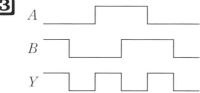

4

A	B	C	Y
0	0	0	0
0	0	1	0
0	1	0	1
0	1	1	1
1	0	0	0
1	0	1	0
1	1	0	1
1	1	1	0

練習問題 5

1

A	B	Y
0	0	1
0	1	0
1	0	1
1	1	1

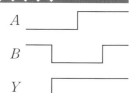

2

A	B	C	Y
0	0	0	0
0	0	1	1
0	1	0	1
0	1	1	1
1	0	0	1
1	0	1	1
1	1	0	0
1	1	1	0

3

(1) (d)　　(2) (a)
(3) (c)　　(4) (b)

練習問題 6

1

A	B	Y
0	0	1
0	1	1
1	0	0
1	1	1

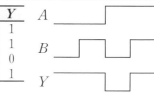

2

A	B	C	Y
0	0	0	1
0	0	1	0
0	1	0	1
0	1	1	1
1	0	0	1
1	0	1	0
1	1	0	1
1	1	1	1

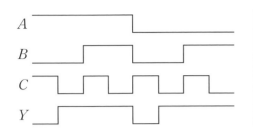

3 (1) $Y=\overline{A \oplus B}$
(2) $Y=\overline{A \cdot \overline{B}}$
(3) $Y=\overline{A \cdot B}+\overline{B \cdot C}$
(4) $Y=\overline{\overline{A \cdot B}+C}$

2章 論理式の簡単化

練習問題7

1 (1)

A	B	C	Y
0	0	0	0
0	0	1	0
0	1	0	0
0	1	1	1
1	0	0	0
1	0	1	0
1	1	0	0
1	1	1	1

(2)

A	B	C	Y
0	0	0	0
0	0	1	1
0	1	0	1
0	1	1	1
1	0	0	1
1	0	1	1
1	1	0	1
1	1	1	1

2 (1) $Y=(\overline{A}+\overline{B})\cdot\overline{B}\cdot A$

(2) $(\overline{A}+\overline{B})\cdot\overline{B}\cdot A$
 $=(\overline{A}\cdot\overline{B}+\overline{B}\cdot\overline{B})\cdot A$
 $=(\overline{A}\cdot\overline{B}+\overline{B})\cdot A$
 $=\overline{B}\cdot(\overline{A}+1)\cdot A$
 $=\overline{B}\cdot A$
 $=A\cdot\overline{B}$

(3)
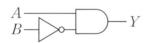

3 NOT回路, AND回路, OR回路は, 全てNAND回路だけを用いて構成できることを確認する問題です。
(1) NOT回路の真理値表と同じになる。
(2) AND回路の真理値表と同じになる。
(3) OR回路の真理値表と同じになる。

練習問題8

1 (a) 1 (b) 0
(c) 1 (d) 1
(e) 1 (f) 0

2

A	B	C	Y
0	0	0	0
0	0	1	0
0	1	0	0
0	1	1	0
1	0	0	1
1	0	1	1
1	1	0	1
1	1	1	1

$Y=A\cdot\overline{B}\cdot\overline{C}+A\cdot\overline{B}\cdot C+A\cdot B\cdot C$

3 (1)

A	B	C	Y
0	0	0	0
0	0	1	1
0	1	0	0
0	1	1	0
1	0	0	1
1	0	1	1
1	1	0	0
1	1	1	1

(2) $Y=(A+B+C)\cdot(A+\overline{B}+C)\cdot(A+\overline{B}+\overline{C})\cdot(\overline{A}+\overline{B}+C)$

練習問題9

1

(1) $Y=A$ (2) 簡単化できない

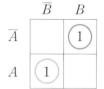

(3) $Y=1$

2 補元の法則を用いて，加法標準形にします。

(1) $Y=A+A\cdot\overline{B}=A\cdot(B+\overline{B})+A\cdot\overline{B}$
$=A\cdot B+A\cdot\overline{B}+A\cdot\overline{B}=A\cdot B+A\cdot\overline{B}$

(2) $Y=A+B+\overline{A}\cdot B$
$=A\cdot(B+\overline{B})+B\cdot(A+\overline{A})+\overline{A}\cdot B$
$=A\cdot B+A\cdot\overline{B}+A\cdot B+\overline{A}\cdot B+\overline{A}\cdot B$
$=A\cdot B+A\cdot\overline{B}+\overline{A}\cdot B$

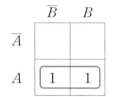 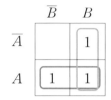

(1) $Y=A$　　(2) $Y=A+B$

3
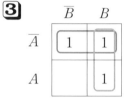 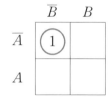

(1) $Y=\overline{A}+B$　　(2) $Y=\overline{A}\cdot\overline{B}$

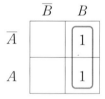

(3) $Y=B$

練習問題 10

1
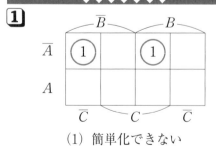

(1) 簡単化できない

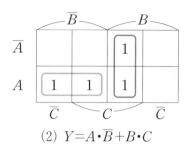

(2) $Y=A\cdot\overline{B}+B\cdot C$

2 (1) $Y=\overline{A}\cdot\overline{B}\cdot C+\overline{A}\cdot B\cdot\overline{C}+A\cdot\overline{B}\cdot\overline{C}+A\cdot\overline{B}\cdot C+A\cdot B\cdot C$

(2)
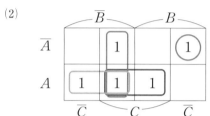

(3) $Y=A\cdot\overline{B}+A\cdot C+\overline{B}\cdot C+\overline{A}\cdot B\cdot\overline{C}$

3
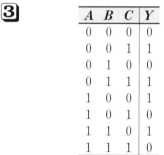

A	B	C	Y
0	0	0	0
0	0	1	1
0	1	0	0
0	1	1	1
1	0	0	1
1	0	1	0
1	1	0	1
1	1	1	0

練習問題 11

1
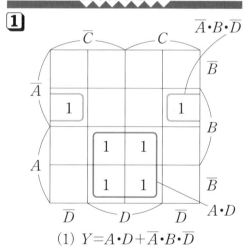

(1) $Y=A\cdot D+\overline{A}\cdot B\cdot\overline{D}$

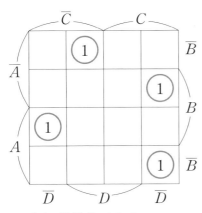

(2) 簡単化できない

② (1) $Y=\overline{A}\cdot\overline{B}\cdot\overline{C}\cdot D+\overline{A}\cdot B\cdot C\cdot\overline{D}+\overline{A}\cdot B\cdot C\cdot D+A\cdot\overline{B}\cdot C\cdot\overline{D}+A\cdot\overline{B}\cdot C\cdot D+A\cdot B\cdot C\cdot D$

(2)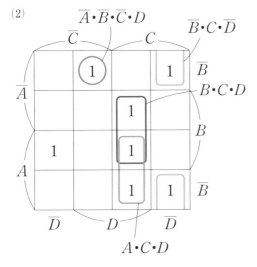

(3) $Y=\overline{A}\cdot\overline{B}\cdot\overline{C}\cdot D+\overline{B}\cdot C\cdot\overline{D}+B\cdot C\cdot D+A\cdot C\cdot D$

または，

$Y=\overline{A}\cdot\overline{B}\cdot\overline{C}\cdot D+\overline{B}\cdot C\cdot\overline{D}+B\cdot C\cdot D+A\cdot\overline{B}\cdot C$

$\overline{A}\cdot\overline{B}\cdot C\cdot D$ にある「1」の囲み方によって，$A\cdot C\cdot D$ または $A\cdot\overline{B}\cdot C$ が得られます。

③

A	B	C	D	Y
0	0	0	0	1
0	0	0	1	1
0	0	1	0	1
0	0	1	1	0
0	1	0	0	0
0	1	0	1	0
0	1	1	0	0
0	1	1	1	1
1	0	0	0	1
1	0	0	1	0
1	0	1	0	0
1	0	1	1	1
1	1	0	0	0
1	1	0	1	1
1	1	1	0	0
1	1	1	1	0

3章 組合せ回路

練習問題12

1 ① 同じ ② 入力データ
③ ない ④ 組合せ回路

2 (1)
入力　　　出力
1ビット目 A
2ビット目 B　　$F \begin{cases} 偶数\ 0 \\ 奇数\ 1 \end{cases}$
3ビット目 C

(2)

A	B	C	F
0	0	0	0
0	0	1	1
0	1	0	1
0	1	1	0
1	0	0	1
1	0	1	0
1	1	0	0
1	1	1	1

(3) $F = \overline{A}\cdot\overline{B}\cdot C + \overline{A}\cdot B\cdot\overline{C} + A\cdot\overline{B}\cdot\overline{C} + A\cdot B\cdot C$

(4)

簡単化できない

(5)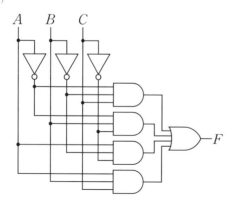

または，3入力 EXOR

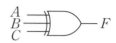

練習問題13

1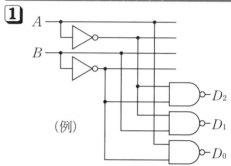

(例)

2

A	B	D_3	D_2	D_1	D_0
0	0	0	0	0	1
0	1	0	0	1	0
1	0	0	1	0	0
1	1	1	0	0	0

3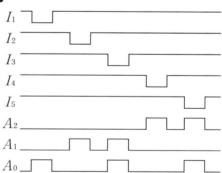

練習問題14

1

S_1	S_2	Y
0	0	A
0	1	D
1	0	B
1	1	C

(a)

＊ S_1, S_2, A, B, C, D の 6 入力の組合せ 2^6 通りの状態を示す代わりにこのように書くこともできます。

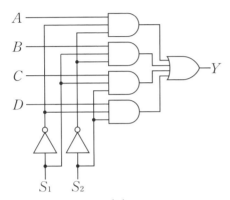

(b)

2

S_1	S_2	選択出力
0	0	B
0	1	C
1	0	D
1	1	A

(a)

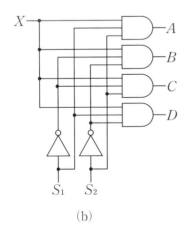

(b)

練習問題15

1 (1) 2 (2) 2 (3) 桁上り
 (4) 3 (5) 2

2

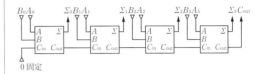

4章 フリップフロップ

練習問題16

1 ① Q^t ② 0 ③ 1
④ 1 ⑤ 0 ⑥ 禁止
⑦ 保持

Q^{t+1} は，Q^t の次の状態を示しています。

2 NAND は，1本の入力に 0 が入力された場合，出力が必ず 1 になります。このため，セット優先 RS-FF では，入力 R, S を同時に 1 にした場合に，出力 Q が 1 に確定します。つまり，セット優先 RS-FF は，入力 S と R を同時に 1 にできない通常の RS-FF の欠点を改良したフリップフロップです。

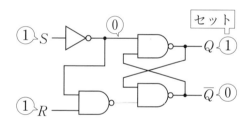

3 ド・モルガンの定理を用いて変形を行うと NOR を用いた RS-FF が得られます。NOR による回路では，出力 Q と $\overline{Q}$ の位置が入れ替わることに注意してください。

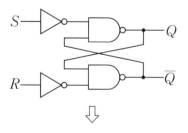

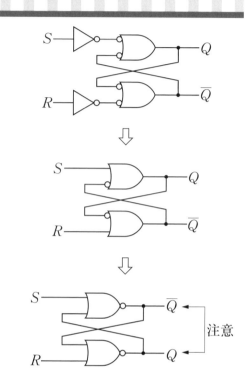

練習問題17

1 ① Q^t ② $\overline{Q^t}$ ③ 0
④ 1 ⑤ 1 ⑥ 0
⑦ $\overline{Q^t}$ ⑧ Q^t ⑨ 保持
⑩ リセット ⑪ セット
⑫ 反転

2 図(a)は，ネガティブエッジ型のクロック端子を持っています。このため，クロック CK の立ち下がり時に同期して動作します。一方，図(b)は，ポジティブエッジ型のクロック端子を持っています。このため，クロック CK の立ち上がり時に同期して動作します。

3 RS-FF では $S=1$, $R=1$ の入力が禁止されていますので，このようになる使い方はできません。しかし，JK-FF の入力

J と K が同時に 1 になった場合は，クロックに同期したタイミングで出力 Q が反転します。

練習問題 18

1 ① 0 ② 1 ③ 1
　　④ 0 ⑤ リセット
　　⑥ セット

2

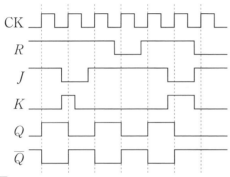

3 D-FF として動作します。

5章 順序回路

練習問題19

1

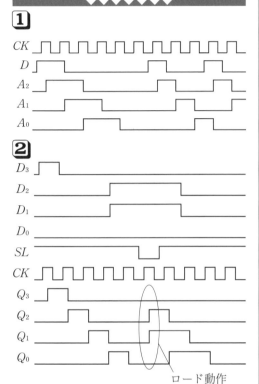

2

ロード動作

練習問題20

1

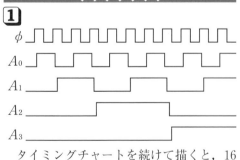

タイミングチャートを続けて描くと、16進アップカウンタであることがわかります。

2

クロック		①	②	③	④
$(A_1 A_0)_2$	00	01	10	00	01

クロック③で、2個のT-FFは強制的にリセットされるため、3進アップカウンタとなります。

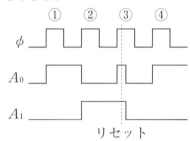

リセット

練習問題21

1 タイミングチャートより、$Q_3Q_2Q_1Q_0$ は 0000→0001→0011→0111→1111→1110→1100→1000→0000 を繰り返します。このカウンタはジョンソンカウンタと呼ばれ、クロックごとの変化ビット数が1であるという特徴があります。

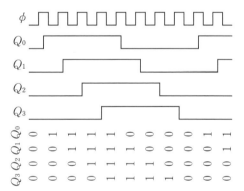

2 10進カウンタは、入力 ϕ が1に立ち上がるタイミングで、出力 $Q_3Q_2Q_1Q_0$ として 0000〜1001 の10個のパターンを繰り返し出力します。このパターン中、$Q_3=1$、かつ $Q_0=1$ となるのは1回です。そして、このときだけ AND の出力 Q_D が1になります。これにより、入力 ϕ の1の回数が 1/10 に減少します。つまり、出力 Q_D の周波数は、$10\,\mathrm{kHz} \div 10 = 1\,\mathrm{kHz}$ になります。

6章 アナログ／ディジタル変換

練習問題22

1 (1) $f_s = \dfrac{1}{t_s} = \dfrac{1}{10 \times 10^{-3}} = 0.1 \text{ kHz}$

(2) $t_s = \dfrac{1}{f_s} = \dfrac{1}{2 \times 10^6} = 0.5 \ \mu\text{s}$

(3) 標本化周波数 f_s [Hz] を上げます。

(4) 量子化時の値の有効桁数を増やします。

2

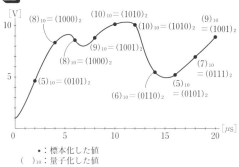

- ● ：標本化した値
- ( )₁₀ ：量子化した値
- ( )₂ ：符号化した値

練習問題23

1 (1) ① 0.8 ② 0.6
③ 0.8 ④ 0.8
⑤ 0.6 ⑥ 1.0
⑦ 1.0

(2)

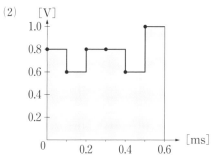

2 図に $(b_3b_2b_1b_0)_2 = (0001)_2$ と $(b_3b_2b_1b_0)_2 = (0101)_2$ を与えたときの等価回路と出力電圧を示します。図より $(b_3b_2b_1b_0)_2 = (0001)_2 = (1)_{10}$ の場合は $V_{OUT} = 0.4$ V，$(b_3b_2b_1b_0)_2 = (0101)_2 = (5)_{10}$ の場合は $V_{OUT} = 2$ V となり，電圧がディジタル値に比例していることが分かります。

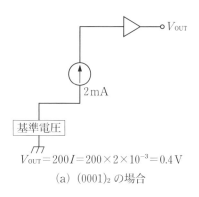

$V_{OUT} = 200I = 200 \times 2 \times 10^{-3} = 0.4 \text{ V}$

(a) $(0001)_2$ の場合

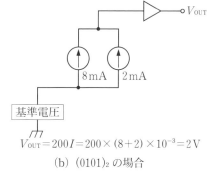

$V_{OUT} = 200I = 200 \times (8+2) \times 10^{-3} = 2 \text{ V}$

(b) $(0101)_2$ の場合

浅 川　　毅（あさかわ　たけし）博士（工学）

学歴　東京都立大学大学院工学研究科博士課程修了
職歴　東海大学電子情報学部　講師（非常勤）
　　　東京都立大学大学院工学研究科　客員研究員
　　　東海大学情報理工学部　教授
著書　「論理回路の設計」コロナ社
　　　「コンピュータ工学の基礎」東京電機大学出版局
　　　「H8マイコンで学ぶ組込みシステム開発入門」電波新聞社
　　　　　　　　　　　　　　　　　　　　　　　　　　　ほか

堀　　桂太郎（ほり　けいたろう）博士（工学）

学歴　日本大学大学院 理工学研究科 博士後期課程情報科学専攻修了
職歴　国立明石工業高等専門学校　電気情報工学科教授
著書　「絵ときディジタル回路の教室」オーム社
　　　「図解論理回路入門」森北出版
　　　「よくわかる電子回路の基礎」電気書院　　　　　　ほか

ディジタル回路ポイントトレーニング　　　　　Ⓒ浅川・堀　2019

2019年12月10日　第1版第1刷発行

　　　　　　著　者　浅　川　　毅
　　　　　　　　　　堀　　桂太郎
　　　　　　発行者　平　山　　勉
　　　　　　発行所　株式会社　電波新聞社
　　　　　　〒141-8715 東京都品川区東五反田1-11-15
　　　　　　電　話　03-3445-8201
　　　　　　振　替　東京00150-3-51961
　　　　　　URL　http://www.dempa.co.jp

　　　　　　DTP　　　株式会社　タイプアンドたいぽ
　　　　　　印刷製本　株式会社　フクイン

本書の一部あるいは全部を、著作者の許諾を得ずに無断で複写・複製することは禁じられています。

Printed in Japan　　　　　　　　　　落丁・乱丁本はお取替えいたします。
ISBN978-4-86406-038-7　　　　　　　定価はカバーに表示してあります。